概率论与数理统计

主 编 李海军 王文丽
副主编 窦明鑫 俞珊珊 展正然
参 编 崔 玮 王俊歌 杜二玲
　　　　窦林立 范毅君

北京理工大学出版社
BEIJING INSTITUTE OF TECHNOLOGY PRESS

版权专有 侵权必究

图书在版编目(CIP)数据

概率论与数理统计 / 李海军，王文丽主编. -- 北京：北京理工大学出版社，2014.1(2024.2 重印)

ISBN 978-7-5640-8666-4

Ⅰ. ①概… Ⅱ. ①李… ②王… Ⅲ. ①概率论－高等学校－教材 ②数理统计－高等学校－教材 Ⅳ. ①O21

中国版本图书馆 CIP 数据核字(2013)第 306669 号

责任编辑：王俊洁	**文案编辑**：侯瑞娜
责任校对：周瑞红	**责任印制**：李志强

出版发行 / 北京理工大学出版社有限责任公司
社　　址 / 北京市丰台区四合庄路 6 号
邮　　编 / 100070
电　　话 / (010) 68914026 (教材售后服务热线)
　　　　　 (010) 68944437 (课件资源服务热线)
网　　址 / http://www.bitpress.com.cn

版 印 次 / 2024 年 2 月第 1 版第 14 次印刷
印　　刷 / 涿州市新华印刷有限公司
开　　本 / 787 mm×1092 mm　1/16
印　　张 / 12.25
字　　数 / 220 千字
定　　价 / 36.00 元

图书出现印装质量问题，请拨打售后服务热线，负责调换

前　言

近年来，随着我国经济建设与科学技术的迅速发展，高等教育进入了一个飞速发展时期，已经突破了以前的精英式教育，发展成为一种终身学习的大众化教育．高等学校教育教学观念不断更新，教育改革不断深入，因此在这个背景下，我们按照普通高校对概率论与数理统计教学的基本要求，突出应用，结合学生实际，编写了本教材．

本书内容包括随机事件及其概率、随机变量及其分布、多维随机变量及其分布、随机变量的数字特征、大数定律与中心极限定理、样本及抽样分布、参数估计、假设检验．

与现有同类教材相比，本书有如下特点：兼顾各个层次学生的实际情况，以易于学生接受的方法介绍概率论与数理统计的基本内容，在注重理论基础的同时，还考虑到基本知识的具体应用．书中正文页面设置了"学习笔记区"，便于学生记录老师补充的内容及自己的体会等．本书主要用作高等学校理工科本科及经济、管理类各专业的教材，同时也可作为科技及工程技术人员的参考资料．

全书分为两部分：概率论部分（第一章至第五章），其中第一章由王文丽编写，第二章由窦明鑫编写，第三章由展正然编写，第四章、第五章由俞珊珊编写；数理统计部分（第六章至第八章）由李海军负责编写．全书由李海军、王文丽统稿．崔玮、王俊歌、杜二玲、窦林立、范毅君等数学教研室相关教师积极协助参与．刘铁成教授审阅了本书初稿，并提出了很多宝贵的修改意见．此外，本教材从立项到出版自始至终得到了中国地质大学长城学院领导、教务处和信息工程系领导的大力支持，在此一并表示衷心的感谢。

由于编者水平有限，书中难免有不妥之处，希望使用本教材的教师和学生提出宝贵意见。

编　者
2013 年 10 月

目 录

第一章 随机事件及其概率 ……………………………………………………… 1
    §1.1 随机事件 ………………………………………………………………… 1
    §1.2 随机事件的概率 ………………………………………………………… 7
    §1.3 等可能概型 ……………………………………………………………… 10
    §1.4 条件概率 ………………………………………………………………… 14
    §1.5 事件的独立性 …………………………………………………………… 19
    本章小结 ……………………………………………………………………… 25
    总习题一 ……………………………………………………………………… 27

第二章 随机变量及其分布 ……………………………………………………… 31
    §2.1 随机变量 ………………………………………………………………… 31
    §2.2 离散型随机变量及其分布律 …………………………………………… 32
    §2.3 随机变量的分布函数 …………………………………………………… 38
    §2.4 连续型随机变量及其概率密度 ………………………………………… 40
    §2.5 随机变量函数的分布 …………………………………………………… 47
    本章小结 ……………………………………………………………………… 52
    总习题二 ……………………………………………………………………… 54

第三章 多维随机变量及其分布 ………………………………………………… 58
    §3.1 二维离散型随机变量 …………………………………………………… 58
    §3.2 二维连续型随机变量 …………………………………………………… 61
    §3.3 二维随机变量的独立性 ………………………………………………… 65
    §3.4 随机变量函数的分布 …………………………………………………… 68
    本章小结 ……………………………………………………………………… 71
    总习题三 ……………………………………………………………………… 73

第四章 随机变量的数字特征 …………………………………………………… 75
    §4.1 数学期望及其性质 ……………………………………………………… 75
    §4.2 方差及其性质 …………………………………………………………… 83
    §4.3 协方差、相关系数及矩 ………………………………………………… 88
    本章小结 ……………………………………………………………………… 93

总习题四 …………………………………………………………………… 96
第五章　大数定律与中心极限定理 …………………………………… 100
   §5.1　大数定律 ……………………………………………………… 100
   §5.2　中心极限定理 ………………………………………………… 102
   本章小结 ……………………………………………………………… 105
   总习题五 ……………………………………………………………… 107
第六章　样本及抽样分布 ……………………………………………… 108
   §6.1　数理统计的基本概念 ………………………………………… 108
   §6.2　抽样分布 ……………………………………………………… 113
   本章小结 ……………………………………………………………… 122
   总习题六 ……………………………………………………………… 124
第七章　参数估计 ……………………………………………………… 125
   §7.1　点估计 ………………………………………………………… 125
   §7.2　估计量的评价标准 …………………………………………… 131
   §7.3　区间估计 ……………………………………………………… 134
   本章小结 ……………………………………………………………… 140
   总习题七 ……………………………………………………………… 141
第八章　假设检验 ……………………………………………………… 143
   §8.1　假设检验的基本概念 ………………………………………… 143
   §8.2　单个正态总体参数的假设检验 ……………………………… 146
   §8.3　两个正态总体参数的假设检验 ……………………………… 150
   本章小结 ……………………………………………………………… 153
   总习题八 ……………………………………………………………… 154
附录　常用分布表 ……………………………………………………… 155
   附表1　二项分布的数值表 ………………………………………… 155
   附表2　泊松分布数值表 …………………………………………… 159
   附表3　几种常用的概率分布 ……………………………………… 161
   附表4　标准正态分布表 …………………………………………… 163
   附表5　t 分布临界值表 …………………………………………… 164
   附表6　χ^2 分布临界值表 ……………………………………… 165
   附表7　F 分布临界值表 …………………………………………… 167
习题答案 ………………………………………………………………… 171

第一章 随机事件及其概率

概率论与数理统计是高等院校理工类、经管类的重要课程之一,是一门研究随机现象数量规律的数学学科,也是近代数学的重要组成部分. 20 世纪以来,它的理论与方法已广泛应用于工业、农业、军事和科学技术等各个领域,同时它又向基础学科、工科学科渗透,与其他学科相结合发展成为边缘学科. 本章介绍的随机事件及其概率是概率论中最基本、最重要的概念之一.

§1.1 随机事件

一、随机现象

在自然界和人类的社会活动中,会发生各种各样的现象,这些现象大体可以分为两类. 一类现象是事先可以预言的,在一定条件下,必然发生或必然不发生的现象,称为必然现象或确定性现象.

例如:

(1)同性电荷相斥,异性电荷相吸;

(2)在一个标准大气压下,纯水加热至 100℃必然沸腾.

我们在前面学过的高等数学、微积分和线性代数都是研究必然现象的数学工具.

另一类现象是事先不能预言的,在一定条件下我们事先无法准确预知其结果的现象,称为偶然现象或随机现象.

例如:

(1)某运动员投篮一次,可能投中也可能投不中;

(2)当我们走出校园到达第一个十字路口时,遇到的可能是红灯,也可能是绿灯.

我们可以思考下,能够使整个人类,包括一个国家、一个区域、一个家庭乃至每个人感到振奋、幸福、惬意、快乐、悲伤、恐惧、失望及愤怒的那些主宰人们激烈情绪的事件,无一不是随机现象:战争给人类带来的难以预料的结果;自然灾害给国家和个人带来的损失和苦难;子女的考学给家庭带来的不安与期望等. 可以毫不夸张地说,整个世界都是在与"随机现象"博弈中生存的.

从表面上看,随机现象的结果是不可预知的,呈现出不确定性,似乎毫无规律.但是人们在经过长期的观察和实践之后,发现这类现象在大量重复出现时,却呈现出某种规律性,我们称之为统计规律性.例如,抛掷硬币试验,在一次试验中,确实无法预料会产生什么结果,但在大量的重复试验中,我们会得到正反面出现的次数大致相等的规律.下面表1-1是历史上抛掷硬币试验的记录.

表 1-1

试验者	抛掷次数	正面出现次数	正面出现频率
德摩根	2 048	1 061	0.518 1
蒲丰	4 040	2 048	0.506 9
费希尔	10 000	4 979	0.497 9
皮尔逊	24 000	12 012	0.500 5

数据表明,当抛掷次数越来越多时,频率越来越集中于0.5.

又如,为评价一种新药的疗效,通过足够多个病例的试用和观察,可以对其效果做出客观的估计.

概率论与数理统计就是研究随机现象统计规律性的一门学科,它的理论和方法应用遍及所有科学技术领域、工农业生产、国民经济等部门,特别是随着计算机的普及使用,它在经济管理、金融保险、生物医药等方面的应用也更加广泛、更加深入.

二、随机试验

为了研究随机现象的统计规律性,需要进行多次重复的试验、实验和观察,我们把这些工作统称为试验.通常把具有以下三种特征的试验称为随机试验,常用字母 E 来表示:

(1)可重复性:试验可以在相同的条件下重复进行;

(2)可观察性:试验结果可观察,所有可能的结果是明确的;

(3)不确定性:每次试验出现的结果事先不能准确预知.

例如:E_1:掷一枚骰子,观察出现的点数;

E_2:掷一枚骰子,观察出现点数的奇偶性;

E_3:记录电话交换台一分钟内收到的呼唤次数;

E_4:在一批灯泡中,任选一只,观察它的寿命.

注:本书以后提到的试验都是指随机试验.

三、样本空间

对于随机试验,尽管每次试验将要出现的结果是不确定的,但其所有可能结果是明确的,我们把随机试验 E 所有可能的结果组成的集合称为样本空间,记为 Ω(或 S);样本空间的元素,即试验 E 的每个结果称为样本点,记为 ω(或 e). 对应上部分中的试验可以写出相应的样本空间 Ω_k.

$\Omega_1 = \{1, 2, 3, 4, 5, 6\}$;

$\Omega_2 = \{奇,偶\}$;

$\Omega_3 = \{0, 1, 2, \cdots\}$;

$\Omega_4 = \{t \mid 0 \leqslant t < +\infty\}$.

样本空间可以是有限集或无限集,它有以下三种类型:

(1)有限集合:样本空间中的样本点数是有限的,如 Ω_1 和 Ω_2;

(2)无限可列集合:样本空间中的样本点数是无限的,但可列出,如 Ω_3;

(3)无限不可列集合:样本空间中的样本点数是无限的,但不可列出,如 Ω_4.

注:相同的试验,观察的角度和试验的目的不同,样本空间可能不同,如 E_1 和 E_2.

四、随机事件

在实际中,人们常常需要研究样本空间中满足某些条件的样本点组成的集合,即关心满足某种条件的试验结果是否会出现. 例如,考虑抛出的骰子出现的点数为奇数,则满足这一条件的样本点组成其样本空间 Ω_1 的一个子集 $A = \{1, 3, 5\}$,则称 A 为试验 E_1 的一个随机事件.

一般地,我们把试验 E 的样本空间 Ω 的子集称为随机事件,简称事件,用字母 A,B,C,$\cdots$ 表示,事件所描述的含义用"{ }"表示. 例如,在抛掷骰子的试验中,用随机事件 A 表示事件"点数为奇数",即 $A = \{1, 3, 5\}$ 是一个随机事件. 若试验的结果出现在 A 中,则称事件 A 发生,否则称 A 不发生.

特别地,把由一个样本点组成的单点集,称为基本事件,记为 ω. 例如在抛掷骰子的试验中有 6 个基本事件:$\{1\}$,$\{2\}$,$\{3\}$,$\{4\}$,$\{5\}$,$\{6\}$.

例 1 从编号分别为 $1, 2, \cdots, 9$ 的 9 只球中任取一个观察其编号数,"取到 6 号球""取到偶数号球""取到编号数不大于 9""取到编号数大于 9"都是随机事件,可分别记为:

$A = \{取到 6 号球\}$;

$B = \{取到偶数号球\}$;

$C = \{取到编号数不大于 9\}$;

$D = \{取到编号数大于 9\}$.

可以看出,随机事件是随机试验中可能发生也可能不发生的事件,在每次试验中一定发生的事件称为必然事件,例如 C;在每次试验中不可能发生的事件称为不可能事件,例如 D.

另外，样本空间 Ω 包含随机试验的所有可能结果(样本点)，它是自身的子集，因此作为事件，它必然发生，所以 Ω 为必然事件；空集 $\varnothing$ 不包含任何样本点，它也是 Ω 的子集，所以 $\varnothing$ 称为不可能事件.

显然，必然事件与不可能事件都是确定性事件，为方便讨论，今后将它们看作两个特殊的随机事件.

五、事件的关系与运算

事件是样本空间的子集，故事件之间的关系与运算可按集合之间的关系和运算来处理. 下面给出这些关系和运算，根据"事件发生"的含义，说明它们在概率论中的含义.

设试验 E 的样本空间为 Ω，而 A, B, A_k 等是 Ω 的子集.

1. 事件的包含与相等

如果事件 A 发生必然导致事件 B 发生，那么称事件 B 包含事件 A，记为 $A \subset B$. 如图 1-1 所示.

对任一事件 A，有 $\varnothing \subset A \subset \Omega$.

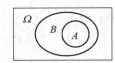

图 1-1

如果 $A \subset B$ 与 $B \subset A$ 同时成立，那么称事件 A 与 B 相等，记为 $A = B$.

例 2 在一个袋子中有形状大小相同的 5 个球，其中有 2 个红球，3 个白球，从中任取 3 个，设 A 表示"恰取到一个红球"，B 表示"至少取到一个红球"，C 表示"最多取到 2 个白球"，D 表示"取到黑球"，则 $D = \varnothing \subset A \subset B$，$B = C$.

2. 事件的和

事件 A 和事件 B 至少有一个发生，称为事件 A 与事件 B 的和(并)，记为 $A + B$ 或 $A \cup B$. 如图 1-2 阴影部分所示.

例 3 甲乙同时向一个目标各射击一次，设 A 表示"甲击中目标"，B 表示"乙击中目标"，C 表示"目标被击中"，则事件 C 发生意味着事件 A 和事件 B 至少有一个发生，即 $C = A \cup B$.

事件和的概念可以推广到 n 个事件和的情形：设 $A_1, A_2, \cdots, A_n$ 为这 n 个事件和(并)，记为

$$A = A_1 + A_2 + \cdots + A_n = \sum_{i=1}^{n} A_i.$$

3. 事件的积

事件 A 和事件 B 同时发生，称为事件 A 与事件 B 的积(交)，记为 AB 或 $A \cap B$. 如图 1-3 中阴影部分所示.

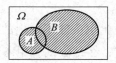

图 1-2

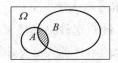

图 1-3

例4 在一个盒子中,有大小形状相同的 3 只球,每次随机地取出一个球,设 $A=\{$第一次取到了白球$\}$,$B=\{$第二次取到了白球$\}$,$C=\{$两次都取到了白球$\}$,则事件 C 发生意味着第一次、第二次取到的都是白球,即 $C=AB$.

同样,事件的积的概念可推广到 n 个事件积的情形:设 A_1,A_2,$\cdots$,A_n 为这 n 个事件积(交),记为

$$A = A_1 A_2 \cdots A_n = \prod_{i=1}^{n} A_i.$$

4. 事件的差

事件 A 发生而事件 B 不发生,称为事件 A 与事件 B 的差,记为 $A-B$. 如图 1-4 中阴影部分所示.

例5 投掷骰子试验中,$A=\{$出现两点$\}=\{2\}$,$B=\{$出现点数小于 3$\}=\{1,2\}$,则 $B-A=\{1\}$.

5. 互不相容事件(互斥事件)

若事件 A 与事件 B 不能同时发生,即 $AB=\varnothing$,则称事件 A 与事件 B 互不相容(互斥). 如图 1-5 所示.

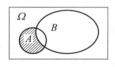

图 1-4

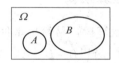

图 1-5

例6 投掷骰子试验中,$A=\{$出现奇数点$\}$,$B=\{$出现偶数点$\}$,$C=\{$出现 2 点$\}$,则 A 与 B,A 与 C 互斥.

6. 对立事件(互逆事件)

事件 A 和事件 B 互不相容,且 $A\cup B=\Omega$,则称事件 A 和事件 B 为对立事件,也称事件 A 和事件 B 为互逆事件,这时 B 称为 A 的逆事件,记为 $\bar{A}$. 如图 1-6 中阴影部分所示.

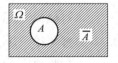

图 1-6

例7 事件 $A=\{$零件合格$\}$ 的对立事件 $\bar{A}=\{$零件不合格$\}$;

事件 $B=\{$零件全部合格$\}$ 的对立事件 $\bar{B}=\{$至少有一个零件不合格$\}$.

一般地,对立事件必然是互斥事件,但互斥事件不一定是对立事件. 在上例中,A 与 C 互斥,但不是对立事件.

7. 完备事件组

若随机事件 A_1,A_2,$\cdots$,A_n 两两互不相容,且 $A_1\cup A_2\cup\cdots\cup A_n=\Omega$,则称事件 A_1,A_2,$\cdots$,A_n 构成一个完备事件组.

显然 $\bar{A}$ 与 A 构成一个完备事件组.

事件间的关系与集合的关系是一致的,为了方便对照,给出表1-2:

表1-2

记号	概率论	集合论
Ω	样本空间,必然事件	全集
$\varnothing$	不可能事件	空集
ω	基本事件	元素
A	事件	子集
$\bar{A}$	A的对立事件	A的余集
$A \subset B$	事件A发生导致B发生	A是B的子集
$A = B$	事件A与事件B相等	A与B的相等
$A \cup B$	事件A与事件B至少有一个发生	A与B的和集
AB	事件A与事件B同时发生	A与B的交集
$A - B$	事件A发生而事件B不发生	A与B的差集
$AB = \varnothing$	事件A和事件B互不相容	A与B没有相同的元素

六、事件的运算规律

由集合的运算律,易给出事件间的运算律:

(1) 交换律 $A \cup B = B \cup A$,$A \cap B = B \cap A$;

(2) 结合律 $(A \cup B) \cup C = A \cup (B \cup C)$,
$(A \cap B) \cap C = A \cap (B \cap C)$;

(3) 分配律 $(A \cup B) \cap C = (A \cap C) \cup (B \cap C)$;
$(A \cap B) \cup C = (A \cup C) \cap (B \cup C)$;

(4) 对偶律 $\overline{A \cup B} = \bar{A} \cap \bar{B}$,$\overline{A \cap B} = \bar{A} \cup \bar{B}$;

(5) 幂等律 $A \cup A = A$,$A \cap A = A$;

(6) 吸收律 $A \cup \Omega = \Omega$,$A \cap \Omega = A$;$A \cup \varnothing = A$,$A \cap \varnothing = \varnothing$.

以上各运算律均可推广到有限个或可数个事件的情形.

例8 A,B,C为三个事件,用A,B,C的运算关系表示下列各事件:

(1) "A不发生":$\bar{A}$;

(2) "A发生而B不发生":$A\bar{B}$;

(3) "A与B都发生,而C不发生":$AB\bar{C}$;

(4) "A,B,C至少有一个发生":$A \cup B \cup C$;

(5) "A,B,C至少有一个不发生":$\bar{A} \cup \bar{B} \cup \bar{C}$;或$\overline{ABC}$;

(6) "A,B,C中恰有两个发生":$AB\bar{C} \cup A\bar{B}C \cup \bar{A}BC$;

(7) "A,B,C中至少有两个发生":$AB \cup AC \cup BC$;

(8) "A,B,C都不发生":$\bar{A}\bar{B}\bar{C}$.

注：用其他事件的运算来表示一个事件，方法往往不唯一，如本例中的(5)，我们应学会用不同方法表达同一事件，特别在解决具体问题时，往往要根据需要选择一种恰当的表示方法．

习题 1.1

1. 用 A 表示事件"甲种产品畅销，乙种产品滞销"，则其对立事件 B 为(　　).
   A."甲种产品滞销，乙种产品畅销"
   B."甲、乙两种产品均畅销"
   C."甲种产品滞销"
   D."甲种产品滞销或乙种产品畅销"
2. 写出下列随机试验的样本空间：
   (1)生产产品直到有 10 件正品为止，记录生产产品的总件数；
   (2)从标有 1，2，3，4，5 这 5 张卡片中，任取 2 张；
   (3)在单位圆内任意取一点，记录它的坐标．
3. 两个事件互不相容与两个事件对立有何区别？举例说明．
4. 证明：$(A\cup B)-B=A-B$.

§1.2 随机事件的概率

对一个随机试验，人们不仅需要知道它可能会出现哪些结果，更希望知道某些事件在一次试验中发生的可能性的大小，为此，首先我们引入频率的概念，它描述了事件发生的频繁程度，进而引出表征事件在一次试验中发生的可能性大小的常数——概率．

一、频率

定义 1　若在相同条件下进行 n 次试验，其中事件 A 发生的次数为 n_A，则称

$$f_n(A)=\frac{n_A}{n}=\frac{\text{事件 }A\text{ 出现的次数}}{\text{试验的总次数}}$$

为事件 A 发生的频率，n_A 称为频数．

显然，频率具有下列性质：
(1)非负性：对任意事件 A，有 $f_n(A)\geqslant 0$，进一步，$0\leqslant f_n(A)\leqslant 1$.
(2)规范性：$f_n(\Omega)=1$.
(3)可加性：若 A_1，A_2，$\cdots$，A_n 是两两互不相容的事件，则
$$f_n(A_1\cup A_2\cup\cdots\cup A_n)=f_n(A_1)+f_n(A_2)+\cdots+f_n(A_n).$$

事件 A 发生的频率 $\frac{n_A}{n}$ 的大小反映了事件发生的频繁程度,频率越大,事件 A 发生越频繁,意味着 A 在一次试验中发生的可能性越大,反之亦然. 一个随机事件的频率与试验的次数和频数有关,因而不是一个固定的常数,那么能否用频率表示事件 A 在一次试验中发生的可能性的大小呢?先看下面的例子.

例 为检查某种小麦的发芽情况,从一大批种子中抽取 10 批种子做发芽试验,其结果见表 1-3.

表 1-3

种子粒数	2	5	10	70	130	310	700	1 500	2 000	3 000
发芽粒数	2	4	9	60	116	282	639	1 339	1 806	2 715
发芽频率	1	0.8	0.9	0.857	0.892	0.910	0.913	0.893	0.903	0.905

由表可以看出,在抽取的 10 批种子中,发芽粒数随着种子粒数的不同而不同,也就是说,频率不是一个固定的数值,它具有波动性. 但随着种子粒数的增加,发芽率仅在 0.9 附近有微小变化,这里 0.9 就是频率的稳定值.

大量试验表明,在多次重复试验中,同一事件发生的频率不尽相同,但却在某一固定的常数附近摆动,呈现出一定的稳定性. 随着试验次数的增加,这种现象越显著,我们把这种"频率的稳定性"称为统计规律性,频率接近的固定常数看作相应事件的概率,于是得到概率的统计定义:

定义 2 在大量的重复试验中,若事件 A 发生的频率稳定地在某一常数 p 附近摆动,则把这个数 p 称为事件 A 的概率,记为 $P(A)=p$.

根据这一定义,在实际应用时,往往可用试验次数足够大时的频率来估计概率的大小,且随着试验次数的增加,估计的精度会越来越高.

二、概率的公理化定义

概率的统计定义从直观上给出了概率的定义,然而在理论上和应用中又存在着缺陷. 从理论上讲,人们会问:为什么频率具有稳定性?(要回答这个问题,需要用到大数定律);从应用上讲,由于经济成本的限制,尤其是一些破坏性试验,不可能进行大量的重复试验,同时,没有充分的理由认为,试验 $n+1$ 次计算出的频率会比试验 n 次的更接近所求的概率,n 多大才好呢?没法确定. 因此,必须研究概率更加严格的数学化定义. 从频率的稳定性及其性质得出启发,给出概率的公理化定义:

定义 3 设随机试验 E 的样本空间为 Ω,对于任意事件 A 赋予一个实数,记为 $P(A)$,若集合函数 $P(\cdot)$ 满足下列三个条件:

(1)非负性:对任意事件 A,有 $P(A) \geqslant 0$;

(2) 规范性：对于必然事件 Ω，有 $P(\Omega)=1$；

(3) 可列可加性：设 $A_1, A_2, \cdots$ 是两两互不相容的事件，则有
$$P\left(\bigcup_{i=1}^{\infty} A_i\right) = \sum_{i=1}^{\infty} P(A_i),$$
则称 $P(A)$ 为事件 A 的概率.

三、概率的性质

利用概率的定义，可推出概率的一些重要性质.

性质 1 $P(\varnothing)=0$.

证明 令 $A_n=\varnothing$，$(n=1,2,\cdots)$，则 $\bigcup_{i=1}^{\infty} A_i = \varnothing$，且 $A_i A_j = \varnothing$，$i\neq j$，$i,j=1,2,\cdots$. 由概率的可列可加性得
$$P(\varnothing) = P\left(\bigcup_{i=1}^{\infty} A_i\right) = \sum_{i=1}^{\infty} P(A_i) = \sum_{i=1}^{\infty} P(\varnothing).$$
由概率的非负性知，$P(\varnothing)\geqslant 0$，故由上式可知 $P(\varnothing)=0$.

性质 2（有限可加性） 若 $A_1, A_2, \cdots, A_n$ 是两两互不相容的事件，则
$$P(A_1 \cup A_2 \cup \cdots \cup A_n) = P(A_1) + P(A_2) + \cdots + P(A_n).$$

证明 令 $A_{n+1}=A_{n+2}=\cdots=\varnothing$，即有
$$A_i A_j = \varnothing, \quad i\neq j, \quad i,j=1,2,\cdots.$$
由概率的可列可加性得
$$P(A_1 \cup A_2 \cup \cdots \cup A_n) = P\left(\bigcup_{i=1}^{\infty} A_i\right) = \sum_{i=1}^{\infty} P(A_i) = \sum_{i=1}^{n} P(A_i) + \sum_{i=n+1}^{\infty} P(A_i)$$
$$= \sum_{i=1}^{n} P(A_i) + 0 = P(A_1) + P(A_2) + \cdots + P(A_n).$$

特别地，若 A,B 互不相容，则 $P(A\cup B)=P(A)+P(B)$.

性质 3（逆事件的概率） 对任一事件 A，有 $P(\overline{A})=1-P(A)$.

证明 因 $A\cup\overline{A}=\Omega$，且 $A\overline{A}=\varnothing$，由性质 2，得 $1=P(\Omega)=P(A\cup\overline{A})=P(A)+P(\overline{A})$，因此 $P(\overline{A})=1-P(A)$.

性质 4 若 $B\subset A$，则有 $P(A-B)=P(A)-P(B)$，且有 $P(A)\geqslant P(B)$.

证明 由 $B\subset A$ 知 $A=B\cup(A-B)$，且 $B(A-B)=\varnothing$，由概率的有限可加性，得 $P(A)=P(B)+P(A-B)$，故 $P(A-B)=P(A)-P(B)$；由概率的非负性 $P(A-B)\geqslant 0$ 知 $P(A)\geqslant P(B)$.

性质 5 对任一事件 A，有 $P(A)\leqslant 1$.

证明 因 $A\subset\Omega$，由性质 4 可得 $P(A)\leqslant P(\Omega)=1$.

性质 6（加法公式） 对任意两事件 A,B 有 $P(A\cup B)=P(A)+P(B)-P(AB)$.

证明 因 $A\cup B=A\cup(B-AB)$，且 $A\cap(B-AB)=\varnothing$，又 $AB\subset B$，故有

$$P(A\cup B)=P(A)+P(B-AB)=P(A)+P(B)-P(AB).$$

注：加法公式可推广到 n 个事件的情形。当 $n=3$ 时，有
$$P(A\cup B\cup C)=P(A)+P(B)+P(C)-P(AB)-P(BC)-P(AC)+P(ABC).$$

例 已知 $P(A)=0.5$，$P(B)=0.4$，$P(\overline{A}B)=0.2$，求：

(1) $P(AB)$； (2) $P(A-B)$； (3) $P(A\cup B)$； (4) $P(\overline{AB})$.

解 (1) 因为 $AB+\overline{A}B=B$，且 $AB\cap\overline{A}B=\varnothing$，故有
$$P(AB)=P(B)-P(\overline{A}B)=0.4-0.2=0.2;$$

(2) $P(A-B)=P(A)-P(AB)=0.5-0.2=0.3$；

(3) $P(A\cup B)=P(A)+P(B)-P(AB)=0.5+0.4-0.2=0.7$；

(4) $P(\overline{AB})=P(\overline{A\cup B})=1-P(A\cup B)=1-0.7=0.3$.

习题 1.2

1. 下列说法正确的是（　　）.

   A. 任一事件的概率总在 $(0,1)$ 之内

   B. 不可能事件的概率不一定为 0

   C. 必然事件的概率一定为 1

   D. 以上均不对

2. 设 $P(A)=0.2$，$P(A\cup B)=0.4$，且 A 和 B 互不相容，求 $P(B)$.

3. 已知 $P(A)=P(B)=P(C)=\dfrac{1}{4}$，$P(AB)=P(BC)=\dfrac{1}{16}$，$P(AC)=0$，求 A，B，C 三个事件中至少出现一个的概率.

§1.3　等可能概型

本节讨论两类比较简单的随机试验，随机试验中每个样本点的出现是等可能的情形，即等可能概型，这类随机试验是最简单的概率模型，是概率论发展初期的主要研究对象.

一、古典概型

我们称具有下列两个特征的随机试验模型为古典概型：

(1) 试验的基本结果只有有限个；

(2) 试验中每个基本事件发生的可能性相同.

定义 1 试验 E 是只含有 n 个基本事件的古典概型，随机事件 A 中包含 k 个基本事件，则 A 发生的概率为
$$P(A)=\frac{k}{n}=\frac{A\text{ 包含的基本事件数}}{E\text{ 中基本事件的总数}}.$$

§1.3 等可能概型

根据上式要计算古典概型中事件 A 的概率，必须先确定清楚基本事件的含义，然后再计算基本事件总数和 A 中包含的基本事件个数．这样，一个求概率的问题转化为一个计数的问题，在这些计数的计算中，排列组合是常用的知识．

例 1 抛掷一颗匀质骰子，观察出现的点，求出现的点数是小于 4 的奇数的概率．

解 设 $A=\{$出现小于 4 的奇数$\}$，则基本事件总数 $n=6$，A 包含基本事件"出现 1 点"和"出现 3 点"，即 $k=2$，故

$$P(A)=\frac{2}{6}=\frac{1}{3}.$$

例 2 设 10 件产品中，有 3 件次品，其余均为正品，求

(1) 任取一件，是次品的概率；

(2) 任取两件，刚好有一件正品，一件次品的概率．

解 (1) 10 件产品中任取一件，共有 $C_{10}^1=10$（种）取法，10 件产品中有 3 件次品，取一件次品的取法有 $C_3^1=3$（种），根据古典概率计算，事件 $A=\{$取到产品为次品$\}$，则

$$P(A)=\frac{C_3^1}{C_{10}^1}=\frac{3}{10}.$$

(2) 10 件产品中任取两件的取法有 $C_{10}^2=45$（种），其中刚好有一件正品，一件次品的取法有 $C_3^1 C_7^1$ 种，记 $B=\{$刚好一件正品，一件次品$\}$，则

$$P(B)=\frac{C_3^1 C_7^1}{C_{10}^2}=\frac{7}{15}.$$

例 3 用 1，2，3，4，5，6 这 6 个数排成四位数，求

(1) 没有相同数字的四位数的概率；

(2) 没有相同数字的四位偶数的概率．

解 设 $A=\{$没有相同数字的四位数$\}$，$B=\{$没有相同数字的四位偶数$\}$，基本事件总数 $n=6^4$．

(1) 事件 A 包含的基本事件数为 $k_A=A_6^4$，所以 $P(A)=\dfrac{A_6^4}{6^4}=\dfrac{5}{18}$．

(2) 事件 B 包含的基本事件数为 $k_B=A_5^3 A_3^1$，所以 $P(B)=\dfrac{A_5^3 A_3^1}{6^4}=\dfrac{5}{36}$．

例 4 设盒中有 3 只白球，2 只红球．从盒中随机取出一只球，连续取两次．

(a) 第一只取出后放回，再取第二只；

(b) 每一只取出后不放回，接着取第二只．

试求在以上两种情况下，以下各事件的概率：

(1) 取到 2 只白球；

(2) 取到 2 只颜色相同的球；

(3) 至少取到 1 只白球.

解 在(a)情况下：

(1) 设 $A=\{$取到 2 只白球$\}$，则 $P(A)=\dfrac{3\times 3}{5\times 5}=\dfrac{9}{25}$.

(2) 设 $B=\{$取到 2 只红球$\}$，则 $A+B=\{$取到 2 只颜色相同的球$\}$，于是
$$P(A+B)=P(A)+P(B)=\dfrac{9}{25}+\dfrac{2\times 2}{5\times 5}=\dfrac{13}{25}.$$

(3) 设 $C=\{$至少取到 1 只白球$\}$，则 $P(C)=P(\bar{B})=1-P(B)=\dfrac{21}{25}$.

在(b)情况下：

(1) $P(A)=\dfrac{3\times 2}{5\times 4}=\dfrac{3}{10}$.

(2) $P(B)=\dfrac{2\times 1}{5\times 4}=\dfrac{1}{10}$，$P(A+B)=P(A)+P(B)=\dfrac{2}{5}$.

(3) $P(C)=P(\bar{B})=1-P(B)=\dfrac{9}{10}$.

二、几何概型

古典概型只适用于试验的可能结果是有限个，且等可能性的情况. 在实际问题中，我们会经常遇到样本空间所含的基本事件为无限个的情况，若等可能的条件依旧成立，我们考虑把古典概率的定义作进一步的推广，于是引出了几何型概率的定义.

例 5 从区间 $[0,3]$ 中随机地取一数 w，这时的样本空间
$$\Omega=\{w\mid 0\leqslant w\leqslant 3\}=[0,3]$$
是无限集，不再是古典概型，古典概率失效. 假定每个数被取到的可能性都一样，我们这样来理解等可能的含义，就是取到的数在区间内某一部分区间 I 上的可能性与 I 的长度成正比，而与 I 的位置无关.

比如，$A=\{$取到的数小于 1$\}$，$B=\{$取到的数在 1 与 2 之间$\}$，我们很自然会想到
$$P(A)=\dfrac{[0,1)\text{的长度}}{[0,3]\text{的长度}}=\dfrac{1}{3},\quad P(B)=\dfrac{[1,2]\text{的长度}}{[0,3]\text{的长度}}=\dfrac{1}{3}.$$

将这个例子一般化，得到如下定义：

定义 2 如果试验 E 的结果可以几何地表示为某区域 Ω 中的点(区域 Ω 可以是一维的，二维的，三维的，……)，且落在 Ω 中的任意位置是等可能的. 事件 A 表示点落在 Ω 的某一个子区域内，该子区域仍记为 A，用 Ω_A 表示子区域 A 大小的度量(如长度、面积、体积等). 仍用 Ω 表示区域 Ω 大小的度量. 则

$$P(A)=\frac{A \text{ 的度量}}{\Omega \text{ 的度量}}=\frac{\Omega_A}{\Omega}$$

称为几何型概率.

例 6（会面问题） 甲、乙两人约定在八点至九点之间在某地会面，先到者等候 15 分钟后即离去. 求两人能会面的概率.

解 记八点为会面的起始时刻，x，y 分别表示甲、乙到达的时刻，则两人到达时间的一切可能结果对应边长为 60 的正方形内所有点（如图 1-7 所示）. 设 $A=\{$两人能会面$\}$，则 A 发生的充分必要条件是 $|x-y|\leqslant15$，即 A 对应阴影部分内的一切点.

归结为几何概型就是向平面区域 $\Omega=\{(x,y)\mid 0\leqslant x,y\leqslant 60\}$ 内取点，事件 A 取自 Ω 的子区域 $A=\{(x,y)\mid |x-y|\leqslant 15\}$ 中，于是

$$P(A)=\frac{A \text{ 的面积}}{\Omega \text{ 的面积}}=\frac{60^2-45^2}{60^2}=\frac{7}{16}.$$

例 7 从区间 $[0,1]$ 内任取两个数，试求两数之和大于 1.2 的概率.

解 从 $[0,1]$ 中任取的两个数 x，y，相当于从区域 $\Omega=\{(x,y)\mid 0<x<1,0<y<1\}$ 中随机取点，设 A：“两个数之和大于 1.2”，则事件 A，即取自 Ω 中的子区域 $A=\{(x,y)\mid x+y>1.2,0<x,y<1\}$（如图 1-8 所示），这是一个几何概型，于是

$$P(A)=\frac{A \text{ 的面积}}{\Omega \text{ 的面积}}=\frac{0.8\times0.8\times\frac{1}{2}}{1}=0.32.$$

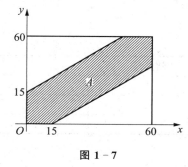

图 1-7

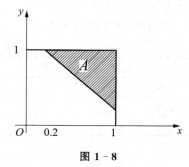

图 1-8

习题 1.3

1. 先后抛掷 3 枚均匀的硬币，至少出现一次正面的概率是（　　）.

   A. $\dfrac{1}{8}$　　　B. $\dfrac{3}{8}$　　　C. $\dfrac{5}{8}$　　　D. $\dfrac{7}{8}$

2. 设有 10 件产品，其中 6 件正品，4 件次品，从中任取 3 件，求下列事件的概率：

   (1) 只有一件次品；

   (2) 最多 1 件次品；

(3) 至少 1 件次品.

3. 袋中共有 8 个球, 5 个白球, 3 个黑球, 现从中任取两个, 试求下列事件发生的概率:

(1) 两个均是白球;

(2) 两个球中一个是白球, 另一个是黑球;

(3) 至少有一个黑球.

4. 在一个均匀陀螺的圆周上均匀地刻上区间 $[0,4]$ 上的所有实数, 旋转陀螺, 求陀螺停下来后, 圆周与桌面的接触点位于区间 $[0.5,2]$ 概率?

§1.4 条件概率

一、条件概率概述

在概率论中, 经常要考虑在随机事件 A 发生的前提下, 事件 B 发生的概率, 记为 $P(B|A)$, 它与事件 B 发生的概率 $P(B)$ 是不相同的. 下面用一个例子说明这一点, 并得到条件概率的定义.

例 1 袋中有 20 只球, 其中 6 只是玻璃球, 另外 14 只是塑料球, 玻璃球中有 2 只是红色, 4 只是蓝色; 塑料球中有 4 只红色, 10 只是蓝色的. 现从中任取一只, 若令 $A=\{$取到蓝色球$\}$, $B=\{$取到玻璃球$\}$, 求 $P(A)$, $P(B)$, $P(AB)$, $P(B|A)$.

解 袋中球的分类情况见表 1-4.

表 1-4

	玻璃球	塑料球	合计
红球	2	4	6
蓝球	4	10	14
合计	6	14	20

易知, $P(A)=\dfrac{14}{20}$, $P(B)=\dfrac{6}{20}$, $P(AB)=\dfrac{4}{20}$.

而求 $P(B|A)$ 时, 应注意当 A 发生时, 即取到的是蓝色球, 原来的样本空间 (20 个基本事件) 被缩小, 此时样本空间仅有 14 个基本事件组成, 显然

$$P(B|A)=\frac{4}{14}.$$

我们还可以看到,

$$P(B|A)=\frac{4}{14}=\frac{\frac{4}{20}}{\frac{14}{20}}=\frac{P(AB)}{P(A)}.$$

这个式子对一般古典概型问题总是成立的. 一般地, 若试验的基本事件总数为 n, A 包含的基本事件数为 $m\,(m>0)$, AB 包含的基本事件数为 k, 则

$$P(B|A)=\frac{k}{m}=\frac{\frac{k}{n}}{\frac{m}{n}}=\frac{P(AB)}{P(A)}.$$

定义 设两个事件 A, B, 且 $P(A)>0$, 则称

$$P(B|A)=\frac{P(AB)}{P(A)}$$

为在事件 A 发生的条件下, 事件 B 发生的条件概率.

类似地, 可以定义在事件 B 发生的条件下, 事件 A 发生的条件概率:

$$P(A|B)=\frac{P(AB)}{P(B)} \qquad (P(B)>0).$$

不难验证, 条件概率 $P(\cdot|A)$ 符合概率定义中的三个条件:

(1) 非负性: 对于每一事件 B, 有 $P(B|A)\geqslant 0$;

(2) 规范性: 对于必然事件 Ω, 有 $P(\Omega|A)=1$;

(3) 可列可加性: 设 B_1, B_2, $\cdots$ 是两两互不相容的事件, 则有

$$P(\bigcup_{i=1}^{\infty} B_i|A)=\sum_{i=1}^{\infty}P(B_i|A).$$

既然条件概率符合上述三个条件, 故 §1.2 中概率的性质都适用于条件概率. 例如, $P(\overline{B}|A)=1-P(B|A)$.

例 2 设某动物活到 20 岁以上的概率为 0.8, 活到 25 岁的概率为 0.4, 问现今活到 20 岁的这种动物能活到 25 岁的概率是多大?

解 设 $A=\{$动物活到 20 岁$\}$, $B=\{$动物活到 25 岁$\}$. 则所求问题就是条件概率 $P(B|A)$, 有题设可知 $P(A)=0.8$, $P(B)=0.4$, 于是

$$P(B|A)=\frac{P(AB)}{P(A)}=\frac{0.4}{0.8}=0.5.$$

注: 条件概率从计算方法上一般有两种, 一种是从定义公式出发来做(例 2), 另一种是从缩减样本空间来做(例 1).

例 3 设 10 件产品中有 2 件一等品, 7 件二等品和 1 件次品. 规定一、二等品为合格品, 从中任取一件, 若已知取得是合格品, 求它是一等品的概率.

解 令 $A=\{$取得一等品$\}$, $B=\{$取得合格品$\}$. 则

方法 1: 因为 9 件合格品中有 2 件一等品, 所以 $P(A|B)=\frac{2}{9}$.

方法 2: 因为 $P(B)=\frac{9}{10}$, $P(AB)=p(A)=\frac{2}{10}$, 所以 $P(A|B)=\frac{P(AB)}{P(B)}=\frac{2}{9}$.

二、乘法公式

由条件概率的定义可得：
$$P(AB)=P(B)P(A|B) \quad (P(B)>0),$$
$$P(AB)=P(A)P(B|A) \quad (P(A)>0),$$

这就是概率的乘法公式.

上式可推广到任意有限个事件乘积的情形：

设 $A_1, A_2, \cdots, A_n$ 为 $n(n \geq 2)$ 个事件，满足 $P(A_1 A_2 \cdots A_{n-1})>0$，则有 $P(A_1 A_2 \cdots A_n)=P(A_1)P(A_2|A_1)P(A_3|A_2 A_1)\cdots P(A_n|A_1 A_2 \cdots A_{n-1})$.

证明 由于 $P(A_1) \geq P(A_1 A_2) \geq \cdots \geq P(A_1 A_2 \cdots A_{n-1})>0$，所以
$$P(A_1 A_2 \cdots A_n)=P(A_1) \cdot \frac{P(A_1 A_2)}{P(A_1)} \cdot \frac{P(A_1 A_2 A_3)}{P(A_1 A_2)} \cdots \cdots \frac{P(A_1 A_2 \cdots A_n)}{P(A_1 A_2 \cdots A_{n-1})}$$
$$=P(A_1)P(A_2|A_1)P(A_3|A_2 A_1)\cdots P(A_n|A_1 A_2 \cdots A_{n-1}).$$

特别地，$n=3$ 时，有 $P(A_1 A_2 A_3)=P(A_1)P(A_2|A_1)P(A_3|A_1 A_2)$.

例4 一批产品的次品率为 4%，正品中一等品率为 75%，求这批产品中一等品的概率.

解 设令 $A=\{$产品为正品$\}$，$B=\{$产品是一等品$\}$. 由题意可知 $P(A)=0.96$，$P(B|A)=0.75$，于是
$$P(B)=P(AB)=P(A)P(B|A)=0.96 \times 0.75=0.72.$$

例5 设袋子中装有 a 只红球，b 只白球，每次自袋中任取一只球，观察颜色后放回，并同时再放入 m 只与取出的那只同色的球，连续在袋中取球四次，试求第一次、第二次取到红球且第三次取到白球，第四次取到红球的概率.

解 设 $A_i=\{$第 i 次取到红球$\}$，$i=1,2,3,4$，则 $\overline{A_3}$ 表示第三次取到白球，所求概率为
$$P(A_1 A_2 \overline{A_3} A_4)=P(A_1) \cdot P(A_2|A_1)P(\overline{A_3}|A_1 A_2)P(A_4|A_1 A_2 \overline{A_3})$$
$$=\frac{a}{a+b} \times \frac{a+m}{a+b+m} \times \frac{b}{a+b+2m} \times \frac{a+2m}{a+b+3m}.$$

三、全概率公式

引例 某工厂有 3 个车间生产同一种产品，已知第一、第二车间产品的废品率是 3%，第三车间的废品率是 6%，现任取一件产品，试求所取产品是废品的概率.

解 设 $A_i=\{$取到第 i 车间的产品$\}$，$i=1,2,3$. 这时 A_1, A_2, A_3 反映了抽取的所有可能的情况，并且它们构成了一个完备事件组，再设 $B=\{$取到废品$\}$，则 $A_1 B, A_2 B, A_3 B$ 互不相容，于是 $B=A_1 B+A_2 B+A_3 B$. 由概

率的可加性及乘法公式可得：

$$P(B) = P(A_1B) + P(A_2B) + P(A_3B)$$
$$= P(A_1)P(B|A_1) + P(A_2)P(B|A_2) + P(A_3)P(B|A_3)$$
$$= \frac{1}{3} \times 0.03 + \frac{1}{3} \times 0.03 + \frac{1}{3} \times 0.06 = 0.04.$$

本例的实质是将复杂事件 B 分解为较简单的事件 A_1B，A_2B，A_3B，然后将概率的加法公式和乘法公式结合起来，这就产生了所谓的全概率公式．

定理 1 设 A_1，A_2，…，A_n 为一个完备事件组，且 $P(A_i) > 0$，$i = 1, 2, \cdots, n$，则对任意事件 B，有

$$P(B) = \sum_{i=1}^{n} P(A_i)P(B|A_i).$$

证明
$$P(B) = P(B\Omega) = P[B(A_1 + A_2 + \cdots + A_n)]$$
$$= P(BA_1 + BA_2 + \cdots + BA_n) = P(A_1B) + P(A_2B) + \cdots + P(A_nB)$$
$$= P(A_1)P(B|A_1) + P(A_2)P(B|A_2) + \cdots + P(A_n)P(B|A_n)$$
$$= \sum_{i=1}^{n} P(A_i)P(B|A_i).$$

例 6 10 只考签中有 4 只难签，甲、乙、丙三人依次不放回地各抽取一只，分别求甲、乙、丙三人各自抽到难签的概率．

解 设 $A = \{甲抽到难签\}$，$B = \{乙抽到难签\}$，$C = \{丙抽到难签\}$，则由古典概率可得

$$P(A) = \frac{4}{10} = \frac{2}{5}.$$

由于乙是在甲已抽取的条件下抽取的，且甲抽取的情况 A 与 $\overline{A}$ 构成一个完备事件组，所以由全概率公式可得

$$P(B) = P(A)P(B|A) + P(\overline{A})P(B|\overline{A}) = \frac{2}{5} \times \frac{3}{9} + \frac{3}{5} \times \frac{4}{9} = \frac{2}{5}.$$

而丙是在甲、乙都已抽取的条件下抽取的，且甲、乙抽取的情况，AB，$\overline{A}B$，$A\overline{B}$，$\overline{A}\overline{B}$ 构成一个完备事件组，所以由全概率公式可得

$$P(C) = P(AB)P(C|AB) + P(\overline{A}B)P(C|\overline{A}B) + P(A\overline{B})P(C|A\overline{B}) +$$
$$\quad P(\overline{A}\overline{B})P(C|\overline{A}\overline{B})$$
$$= P(A)P(B|A)P(C|AB) + P(\overline{A})P(B|\overline{A})P(C|\overline{A}B) +$$
$$\quad P(A)P(\overline{B}|A)P(C|A\overline{B}) + P(\overline{A})P(\overline{B}|\overline{A})P(C|\overline{A}\overline{B})$$
$$= \frac{2}{5} \times \frac{3}{9} \times \frac{2}{8} + \frac{3}{5} \times \frac{4}{9} \times \frac{3}{8} + \frac{2}{5} \times \frac{6}{9} \times \frac{3}{8} + \frac{3}{5} \times \frac{5}{9} \times \frac{4}{8} = \frac{2}{5}.$$

此例验证了众所周知的抽签机会均等，抽签机会与抽签顺序无关这一事实．

四、贝叶斯公式

全概率公式可以看成"已知原因求结果". 在很多实际问题中，一个事件 B 发生的概率 $P(B)$ 不易直接求得，但却知道引起这一结果的各种原因发生的概率.

引例 设某工厂有甲、乙、丙三个车间生产同一种产品，已知各车间的产量分别占全厂产量的 30%，50% 和 20%，而且每个车间的次品率依次为 1%，5% 和 10%，现已知产品中有一个次品，试判断它是由甲车间生产的概率.

解 设 $A_1 = \{$产品由甲车间生产$\}$，$A_2 = \{$产品由乙车间生产$\}$，$A_3 = \{$产品由丙车间生产$\}$，$B = \{$产品为次品$\}$.

显然所求概率为 $P(A_1|B)$. 今由题设可知

$$P(A_1) = 0.3,\ P(A_2) = 0.5,\ P(A_3) = 0.2,$$
$$P(B|A_1) = 0.01,\ P(B|A_2) = 0.05,\ P(B|A_3) = 0.1.$$

因此由全概率公式可得

$$P(B) = \sum_{i=1}^{3} P(A_i) P(B|A_i) = 0.3 \times 0.01 + 0.5 \times 0.05 + 0.2 \times 0.1 = 0.048.$$

利用条件概率的定义及乘法公式可得

$$P(A_1|B) = \frac{P(A_1 B)}{P(B)} = \frac{P(A_1) P(B|A_1)}{\sum_{i=1}^{3} P(A_i) P(B|A_i)} = \frac{0.3 \times 0.01}{0.048} = 0.0625.$$

这就是取出的次品是由甲车间生产的概率. 用类似的方法也可以求出所取次品由乙、丙两车间生产的概率. 这个例题实际上告诉我们一个极有用的公式，即贝叶斯公式.

定理 2 设 $A_1, A_2, \cdots, A_n$ 是一个完备事件组，则对任意事件 B，$P(B) > 0$，有

$$P(A_i|B) = \frac{P(A_i B)}{P(B)} = \frac{P(A_i) P(B|A_i)}{\sum_{j=1}^{n} P(A_j) P(B|A_j)} \qquad i = 1, 2, \cdots, n.$$

并称此公式为贝叶斯公式.

例 7 根据以往的临床记录，某种诊断癌症的试验具有如下的效果：若 $B\{$试验反应为阳性$\}$，$A\{$被诊断者患有癌症$\}$，则有 $P(B|A) = 0.95$，$P(\overline{B}|\overline{A}) = 0.95$. 现在对自然人群进行普查，设被试验的人患有癌症的概率为 0.005，即 $P(A) = 0.005$，试求 $P(A|B)$.

解 A 与 $\overline{A}$ 是样本空间 Ω 的一个划分，且

$$P(A) = 0.005,\ P(B|A) = 0.95,\ P(\overline{B}|\overline{A}) = 0.95,$$
$$P(B|\overline{A}) = 1 - P(\overline{B}|\overline{A}) = 1 - 0.95 = 0.05,$$
$$P(\overline{A}) = 1 - P(A) = 1 - 0.005 = 0.995.$$

$$P(A|B) = \frac{P(AB)}{P(B)} = \frac{P(A)P(B|A)}{P(A)P(B|A) + P(\bar{A})P(B|\bar{A})}$$

$$= \frac{0.005 \times 0.95}{0.005 \times 0.95 + 0.995 \times 0.05} = 0.087.$$

可见虽然试验价值很大，但是一次试验反应为阳性的人确患癌症的可能性并不大．换言之，一次检验提供的信息量不足以做出判断．

从这个例子可以看出，在全概率公式中，构成完备事件组的事件都是导致试验结果的原因，故 $P(A_i)$ 叫作先验概率；而在贝叶斯公式中，$P(A_i|B)$ 叫作后验概率，这是已知结果后再追溯原因出在何处，并由此做出决策（称为贝叶斯决策），这种决策方法在随机信号处理、模式识别等新兴学科以及在责任追究等决策方面都有广泛的应用．

习题 1.4

1. 对于事件 A，B，已知 $P(A) = \frac{1}{3}$，$P(A|B) = \frac{2}{3}$，$P(\bar{B}|A) = \frac{3}{5}$，则 $P(B) = (\quad)$．

   A. $\frac{1}{5}$ B. $\frac{2}{5}$ C. $\frac{3}{5}$ D. $\frac{4}{5}$

2. 设某地区历史上从某次特大洪水发生以后在 30 年内发生特大洪水的概率为 80%，在 40 年内发生特大洪水的概率为 85%，问现已 30 年内无特大洪水发生的该地区，在未来 10 年内将发生特大洪水的概率为多少？

3. 一批产品共有 100 件，其中有 10 件次品，采用不放回抽样依次抽取 3 次，每次抽一件，求第 3 次才能抽到合格品的概率．

4. 某商店出售的电灯泡由甲、乙两厂生产，其中甲厂的产品占 60%，乙厂的产品占 40%．已知甲厂产品的次品率为 4%，乙厂产品的次品率 5%．一位顾客随机地取出一个电灯泡，求它是合格品的概率．

5. 对以往数据分析结果表明，当机器调整得良好时，产品的合格率为 98%，而当机器发生某种故障时，其合格率为 55%．每天早上机器开动时，机器调整良好的概率为 95%．试求已知某日早上第一件产品是合格时，机器调整得良好的概率是多少？

§1.5 事件的独立性

一般地，条件概率 $P(A|B)$ 与概率 $P(A)$ 不一定相同，但某些情况下，事件 B 发生的概率不影响事件 A 发生的概率．

引例 一个袋子中装有 6 只黑球，4 只红球，采用有放回的方式摸球．求

(1) 第一次摸到黑球的条件下，第二次摸到黑球的概率；
(2) 第二次摸到黑球的概率.

解 设 $A=\{$第一次摸到黑球$\}$，$B=\{$第二次摸到黑球$\}$，则

(1) $P(A)=\dfrac{6}{10}$，$P(AB)=\dfrac{6}{10}\times\dfrac{6}{10}$，所以

$$P(B|A)=\dfrac{P(AB)}{P(A)}=\dfrac{\dfrac{6}{10}\times\dfrac{6}{10}}{\dfrac{6}{10}}=\dfrac{6}{10}.$$

(2) $P(B)=P(AB+\overline{A}B)=P(AB)+P(\overline{A}B)$

$=P(A)P(B|A)+P(\overline{A})P(B|\overline{A})=\dfrac{6}{10}\times\dfrac{6}{10}+\dfrac{4}{10}\times\dfrac{6}{10}=\dfrac{6}{10}.$

注意到 $P(B|A)=P(B)$，即事件 A 发生与否对事件 B 发生的概率没有影响. 在这种场合下，我们说事件 A 与事件 B 具有独立性.

读者可能会觉得这样的验证有点过于烦琐. 采取有放回的方式摸球，第一次摸到黑球与否与第二次摸到黑球与否，相互之间能有什么影响呢？不用计算也能肯定它们之间是没有相互影响的！应该承认这些议论是颇有道理的，在概率论的实际应用中，人们常常利用这种直觉来肯定事件间的"相互独立"，从而使问题和计算都得到简化，下面给出事件的独立性概念.

一、两个事件的独立性

定义 1 若两个事件 A，B 满足

$$P(AB)=P(A)P(B)$$

则称 A，B 独立，或称 A，B 相互独立.

由独立性的定义，我们可以得到它的性质：

性质 1 不可能事件 $\varnothing$ 和必然事件 Ω 与任意事件 A 是相互独立的.

性质 2 设 A，B 是两个事件，且 $P(A)>0$，若 A，B 相互独立，则 $P(B|A)=P(B)$. 反之，若 $P(B)=0$，且 A，B 相互独立，则 $P(A|B)=P(A)$.

性质 3 若事件 A，B 相互独立，则事件 A 与 $\overline{B}$，$\overline{A}$ 与 B，$\overline{A}$ 与 $\overline{B}$ 也相互独立.

证明 因 $A=A\Omega=A(B\cup\overline{B})=AB\cup A\overline{B}$，而 $AB\cap A\overline{B}=\varnothing$，所以

$$P(A)=P(AB)+P(A\overline{B})=P(A)P(B)+P(A\overline{B}),$$

故 $\qquad P(A\overline{B})=P(A)[1-P(B)]=P(A)P(\overline{B}),$

即 A 与 $\overline{B}$ 相互独立，其余可类推.

例 1 甲、乙两名射手独立地射击同一目标，他们击中目标的概率分别为 0.9 与 0.8，甲乙两人各射击一次，试求目标被击中的概率.

解 设 $A=\{$甲击中目标$\}$，$B=\{$乙击中目标$\}$，$C=\{$目标被击中$\}=$

$A \cup B$，故 $P(A)=0.9$，$P(B)=0.8$.

由于 A，B 相互独立，故 $P(AB)=P(A)P(B)$，

$P(C)=P(A\cup B)=P(A)+P(B)-P(A)P(B)=0.9+0.8-0.9\times 0.8=0.98$.

所以目标被击中的概率为 0.98.

二、有限个事件的独立性

定义 2 设 A，B，C 是三个事件，如果满足等式

$$\begin{cases} P(AB)=P(A)P(B), \\ P(AC)=P(A)P(C), \\ P(BC)=P(B)P(C), \end{cases}$$

则称事件 A，B，C 两两独立.

定义 3 若 A，B，C 两两独立，且满足等式 $P(ABC)=P(A)P(B)P(C)$，则称事件 A，B，C 相互独立.

注：对 n 个事件的独立性，可类似地定义：

一般地，设 A_1，A_2，$\cdots$，A_n 是 $n(n>1)$ 个事件，若对于其中任意 2 个，任意 3 个，$\cdots$，任意 n 个事件的积事件的概率，都等于各事件概率之积，则称事件 A_1，A_2，$\cdots$，A_n 相互独立.

由定义可得到以下两个性质：

$1°$ 若事件 A_1，A_2，$\cdots$，$A_n(n\geqslant 2)$ 相互独立，则其中任意 $k(1<k\leqslant n)$ 个事件也相互独立.

$2°$ 若 n 个事件 A_1，A_2，$\cdots$，$A_n(n\geqslant 2)$ 相互独立，则将 A_1，A_2，$\cdots$，A_n 中任意多个事件换成它们的对立事件，所得的 n 个事件仍相互独立.

需要指出的是，从定义显然有 A，B，C 相互独立则 A，B，C 两两独立，而反之不然，即 A，B，C 两两独立并不能推出 A，B，C 相互独立，容易举例说明.

例 2 设袋中有 4 只乒乓球，一只涂白色，一只涂红色，一只涂蓝色，另一只涂有白、红、蓝三种颜色. 今从袋中随机地取一球，设事件 A，B，C 分别表示"取出的是涂有白色的球""取出的是涂有红色的球""取出的是涂有蓝色的球". 验证 A，B，C 两两独立但不相互独立.

解 4 只球中有两个涂有白色，故 $P(A)=\dfrac{2}{4}=\dfrac{1}{2}$. 同理 $P(B)=P(C)=\dfrac{1}{2}$. 4 只球中只有一个球涂有白、红、蓝三种颜色，故

$$P(AB)=P(BC)=P(AC)=\frac{1}{4}, \quad P(ABC)=\frac{1}{4}.$$

因此

$$P(AB)=P(A)P(B), \quad P(BC)=P(B)P(C), \quad P(AC)=P(A)P(C),$$

根据定义可得，A，B，C 三个事件两两独立.

但由于 $P(A)P(B)P(C)=\dfrac{1}{8}$，$P(ABC)\neq P(A)P(B)P(C)$，所以 A，B，C 不相互独立.

例 3 甲、乙两人进行乒乓球比赛，每局甲胜的概率为 p，$p\geqslant\dfrac{1}{2}$. 问对甲而言，采用三局两胜制有利，还是采用五局三胜制有利. 设各局胜负相互独立.

解 采用三局两胜制，甲最终获胜，其胜局的情况是："甲甲"或"乙甲甲"或"甲乙甲". 而这三种结局互不相容，于是由独立性得甲最终获胜的概率为

$$p_1=p^2+2p^2(1-p).$$

采用五局三胜制，甲最终获胜，至少需比赛 3 局（可能赛 3 局，也可能赛 4 局或 5 局），且最后一局必须是甲胜，而前面甲需胜二局. 例如，共赛 4 局，则甲的胜局情况是："甲乙甲甲""乙甲甲甲""甲甲乙甲"，且这三种结局互不相容，由独立性得在五局三胜制甲最终获胜的概率为

$$p_2=p^3+C_3^2 p^3(1-p)+C_4^2 p^3(1-p)^2.$$

而 $\qquad p_2-p_1=p^2(6p^3-15p^2+12p-3)=3p^2(p-1)^2(2p-1).$

当 $p>\dfrac{1}{2}$ 时，$p_2>p_1$；当 $p=\dfrac{1}{2}$ 时，$p_2=p_1=\dfrac{1}{2}$. 故当 $p>\dfrac{1}{2}$ 时，对甲来说采用五局三胜制为有利. 当 $p=\dfrac{1}{2}$ 时，两种赛制下甲、乙最终获胜的概率是相同的，都是 50%.

注：两事件相互独立的含义是它们中一个已发生，不影响另一个发生的概率. 在实际应用中，对于事件的独立性常常是根据事件的实际意义去判断. 一般，若由实际情况分析，A，B 两事件之间没有关联或关联很微弱，那就认为它们是相互独立的.

三、伯努利概型

独立性是理论和应用都十分重要的一种性质，下面介绍一种与独立性有关的概型.

若试验只有两种可能的结果：A 和 $\overline{A}$，记

$$P(A)=p,\ P(\overline{A})=1-p=q\ (0<q<1,\ p+q=1),$$

则称这样的试验为伯努利试验.

若将伯努利试验在相同条件下独立地重复进行 n 次，称这一串重复的独立实验为 n 重伯努利试验，或简称为伯努利概型.

在 n 重伯努利试验中，事件 A 可能发生 $0,1,2,\cdots,n$ 次，如何求事件 A 恰好发生 $k\ (0\leqslant k\leqslant n)$ 次的概率呢？先看下述例子.

例 4 设一袋中有 3 只红球，7 只黑球，从中任意取一球，有放回地共取

5 次，试求事件"4 次取到红球"的概率．

解 这一问题显然属于 $n=5$ 的伯努利概型．

记 $A=\{4$ 次取到红球$\}$，$A_i=\{$第 i 次取到红球$\}$，$\overline{A_i}=\{$第 i 次取到黑球$\}$，$i=1,2,\cdots,5$，则
$$P(A_i)=p=0.3,\quad P(\overline{A_i})=1-p=q=0.7,$$
$A=A_1A_2A_3A_4\overline{A_5}+A_1A_2A_3\overline{A_4}A_5+A_1A_2\overline{A_3}A_4A_5+A_1\overline{A_2}A_3A_4A_5+\overline{A_1}A_2A_3A_4A_5$，
即事件 A 恰好发生 4 次的情况有 $C_5^4=5$ 种．

因为各次试验是相互独立的，所以
$$P(A_1A_2A_3A_4\overline{A_5})=P(A_1A_2A_3\overline{A_4}A_5)=(0.3)^4(0.7)^1=p^4q^{5-4}.$$

同样，$P(A_1A_2\overline{A_3}A_4A_5)=P(A_1\overline{A_2}A_3A_4A_5)=P(\overline{A_1}A_2A_3A_4A_5)=p^4q^{5-4}.$

根据概率加法定理，所求概率为
$$\begin{aligned}P(A)&=P(A_1A_2A_3A_4\overline{A_5})+P(A_1A_2A_3\overline{A_4}A_5)+\cdots+P(\overline{A_1}A_2A_3A_4A_5)\\&=C_5^4p^4q^{5-4}=5\times0.3^4\times0.7^1\\&=0.02835.\end{aligned}$$

一般地可得如下伯努利定理：

定理 在每次试验中，事件 A 发生的概率为 $p(0<p<1)$，则在 n 重伯努利试验中，事件 A 恰好发生 $k(0\leqslant k\leqslant n)$ 次的概率为
$$P_n(k)=C_n^k p^k(1-p)^{n-k}\quad(k=0,1,\cdots,n)$$

证明 由伯努利概型知，事件 A 在指定 k 次发生，而其余 $n-k$ 次试验中不发生，如前 k 次试验中 A 发生，而后 $n-k$ 次试验中不发生的概率为
$$\underbrace{p\cdots p}_{k\text{个}}\underbrace{(1-p)\cdots(1-p)}_{(n-k)\text{个}}=p^k(1-p)^{n-k}.$$
又由组合理论，这样的方式共有 C_n^k 种，且这 C_n^k 种排列对应的 C_n^k 个事件互不相容．由概率加法公式可得，事件 A 恰好发生 k 次的概率为 $C_n^k p^k(1-p)^{n-k}$.

例 5 某工厂生产的一批产品中，已知有 10% 的次品，进行有放回的抽样检查，如果共取 4 个产品，求：

(1) 恰有 3 个次品的概率；

(2) 至多有 2 个次品的概率．

解 这也是一个伯努利概型，$n=4$，$p=0.1$，$q=0.9$.

(1) 所求概率 $=C_4^3 p^3 q^1=4\times0.1^3\times0.9=0.0036$.

(2) 所求概率 $=C_4^2 p^2 q^2+C_4^1 p^1 q^3+C_4^0 p^0 q^4$
$$\begin{aligned}&=21.5\times1^2\times0.9^2+4\times0.1\times0.9^3+0.9^4\\&=0.0486+0.2916+0.6561=0.9963.\end{aligned}$$

习题 1.5

1. 对于事件 A,B，已知 $P(B)=\dfrac{1}{2}$，$P(A+B)=\dfrac{2}{3}$，若事件 A,B 相互独

立，则 $P(A) = (\quad)$.

A. $\dfrac{1}{9}$ B. $\dfrac{1}{6}$ C. $\dfrac{1}{3}$ D. $\dfrac{1}{2}$

2. 假设事件 A，B 相互独立，且 $P(A) > 0$，$P(B) > 0$，则下列等式成立的是（　　）．

A. $P(A+B) = P(A) + P(B)$ B. $P(A+B) = P(A)$

C. $P(A+B) = 1$ D. $P(A+B) = 1 - P(\overline{A})P(\overline{B})$

3. 某产品的生产分 3 道工序，设第一、第二、第三道工序的次品率分别为 0.2，0.1，0.15，假设各道工序互不影响，求该产品的合格品率．

4. 甲、乙两人独立求解同一道题，已知甲、乙两人各自能完成的概率分别为 50%，60%，求甲、乙两人至少有一人完成解题的概率．

5. 设有 4 个独立工作的元件 1，2，3，4. 第 i 个元件的可靠性为 p_i ($i=1, 2, 3, 4$)，将它们按图 1-9 方式连接（称为并串联系统），求系统的可靠性．

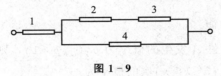

图 1-9

本章小结

本章知识要点

随机现象　随机试验　样本空间　随机事件　事件的关系与运算　事件的运算规律　频率　概率的公理化定义　概率的性质　古典概型　几何概型　条件概率　乘法公式　全概率公式　贝叶斯公式　事件的独立性　伯努利概型

本章常用结论

1. 事件的运算律

交换律：$A \cup B = B \cup A$，$A \cap B = B \cap A$；

结合律：$(A \cup B) \cup C = A \cup (B \cup C)$，$(A \cap B) \cap C = A \cap (B \cap C)$；

分配律：$(A \cup B) \cap C = (A \cap C) \cup (B \cap C)$，$(A \cap B) \cup C = (A \cup C) \cap (B \cup C)$；

对偶律：$\overline{(A \cup B)} = \overline{A} \cap \overline{B}$，$\overline{(A \cap B)} = \overline{A} \cup \overline{B}$；

幂等律：$A \cup A = A$，$A \cap A = A$；

吸收律：$A \cup \Omega = \Omega$，$A \cap \Omega = A$；$A \cup \varnothing = A$，$A \cap \varnothing = \varnothing$.

2. 概率的性质

(1) $P(\varnothing) = 0$.

(2) 有限可加性：若 $A_1, A_2, \cdots, A_n$ 是两两互不相容的事件，则
$$P(A_1 \cup A_2 \cup \cdots \cup A_n) = P(A_1) + P(A_2) + \cdots + P(A_n).$$

(3) 对任一事件 A，有 $P(\overline{A}) = 1 - P(A)$.

(4) 若 $B \subset A$，则有 $P(A - B) = P(A) - P(B)$，且有 $P(A) \geqslant P(B)$.

(5) 对任一事件 A，有 $P(A) \leqslant 1$.

(6) 加法公式：对任意两事件 A, B 有 $P(A \cup B) = P(A) + P(B) - P(AB)$.

3. 古典概型的计算

古典概型中事件 A 发生的概率为
$$P(A) = \frac{A \text{ 包含的基本事件数}}{E \text{ 中基本事件的总数}}.$$

4. 条件概率与乘法公式

设两个事件 A, B，且 $P(A) > 0$，则
$$P(B|A) = \frac{P(AB)}{P(A)} \quad (P(A) > 0),$$

此时
$$P(AB) = P(B)P(A|B) \quad (P(B) > 0).$$

5. 全概率公式与贝叶斯公式

设 $A_1, A_2, \cdots, A_n$ 为一个完备事件组，且 $P(A_i) > 0$，$i = 1, 2, \cdots, n$，

则对任意事件 B，有

$$P(B) = \sum_{i=1}^{n} P(A_i) P(B|A_i);$$

若有 $P(B) > 0$，则

$$P(A_i|B) = \frac{P(A_iB)}{P(B)} = \frac{P(A_i)P(B|A_i)}{\sum_{j=1}^{n} P(A_j)P(B|A_j)} \qquad i = 1, 2, \cdots, n.$$

6. 事件的独立性的结论

(1) 事件 A，B 相互独立 $\Leftrightarrow P(AB) = P(A)P(B)$.

(2) 不可能事件 $\varnothing$ 和必然事件 Ω 与任意事件 A 是相互独立的.

(3) 若事件 A，B 相互独立，且 $P(A) > 0$，则 $P(B|A) = P(B)$.

(4) 若事件 A，B 相互独立，则事件 A 与 $\bar{B}$，$\bar{A}$ 与 B，$\bar{A}$ 与 $\bar{B}$ 也相互独立.

7. 伯努利试验的概率公式

在 n 重伯努利试验中，设每次试验中事件 A 发生的概率为 $p(0 < p < 1)$，则在 n 次试验中，事件 A 恰好发生 $k(0 \leqslant k \leqslant n)$ 次的概率为

$$P_n(k) = C_n^k p^k (1-p)^{n-k} \qquad (k = 0, 1, \cdots, n).$$

总习题一

一、填空题

1. 设 A,B,C 为 3 个事件，则这 3 个事件中恰有 2 个事件发生的事件可以表示为 _____.

2. 从标有 $1,2,3$ 的卡片中无放回抽取两次，每次一张，用 (X,Y) 表示第一次取到的数字 x，第二次取到 y 的事件，则样本空间 $\Omega=$ _____.

3. 两封信随机地投入 4 个邮筒，则第一个邮筒只有一封信的概率为 _____.

4. 设两个相互独立的事件 A 和 B 都不发生的概率为 $\dfrac{1}{9}$，A 发生 B 不发生的概率与 B 发生 A 不发生的概率相等，则 $P(A)=$ _____.

5. 设事件 A,B 满足 $P(A)=0.3$，$P(B)=0.5$，$P(A\cup B)=0.7$，则 $P(A\mid B)=$ _____.

6. 设事件 A,B 满足 $P(A)=0.4$，$P(B)=0.3$，$P(A\cup B)=0.6$，则 $P(A\bar{B})=$ _____.

7. 一实习生用一台机器接连独立地制造 3 个同种零件，第 i 个零件是不合格品的概率为 $p_i=\dfrac{1}{i+1}$ $(i=1,2,3)$，以 X 表示 3 个零件中合格品的个数，则 $P\{X=2\}=$ _____.

8. 设 $P(A)=\dfrac{1}{2}$，$P(B)=\dfrac{1}{3}$，若 A,B 独立，则 $P(A\bar{B})=$ _____，$P(A+B)=$ _____.

二、选择题

1. 设 $\Omega=\{1,2,\cdots,10\}$，$A=\{2,3,4\}$，$B=\{3,4,5\}$，则 $\overline{A\cap B}=$ ( ).

   A. $\{2,3,4,5\}$ B. $\{1,2,3\}$ C. Ω D. $\varnothing$

2. 设 A,B,C 表示三个事件，则"A,B,C 中至少有两个发生"的事件是 ( ).

   A. $AB+AC+BC$ B. $A+B+C$
   C. $AB\bar{C}+A\bar{B}C+\bar{A}BC$ D. $\bar{A}+\bar{B}+\bar{C}$

3. 对于任意两个随机事件 A 与 B，其对立的充要条件为( ).

   A. A 与 B 至少必有一个发生
   B. A 与 B 不同时发生
   C. A 与 B 至少必有一个发生，且 A 与 B 至少必有一个不发生
   D. A 与 B 至少必有一个不发生

4. 若 A，B 是两个随机事件，则（　　）正确.

　　A. $P(A+B) \leqslant P(A)$

　　B. $P(AB) \leqslant P(A)$

　　C. $P(AB) = P(A)P(B)$

　　D. $P(A+B) = P(A) + P(B)$

5. 若事件 A，B 满足 $P(A)+P(B)>1$，则 A 与 B 一定（　　）.

　　A. 不相互独立　　　　　　　B. 相互独立

　　C. 互不相容　　　　　　　　D. 不互斥

6. 盒中装有 4 个白球，6 个黑球. 无放回地每次抽取一个，第二次取到白球的概率是（　　）.

　　A. $\dfrac{4}{10}$　　　　　　　　　B. $\dfrac{3}{10}$

　　C. $\dfrac{4}{9}$　　　　　　　　　D. $\dfrac{3}{9}$

7. 设 A，B 是两个事件，则下列结论中不正确的是（　　）.

　　A. 若 $P(AB)=P(A)P(B)$，则 A，B 相互独立

　　B. 若 $P(A) \neq 0$，则 $P(AB) = P(A)P(A|B)$

　　C. 若 $P(AB)=P(A)P(B)$，则 A，B 互不相容

　　D. 若 $P(B) \neq 0$，则 $P(AB) = P(A)P(B|A)$

8. 设 A，B 是相互独立的事件，已知 $P(A)=\dfrac{1}{2}$，$P(B)=\dfrac{1}{3}$，则 $P(AB)=$（　　）.

　　A. $\dfrac{1}{2}$　　　　　　　　　B. $\dfrac{5}{6}$

　　C. $\dfrac{1}{6}$　　　　　　　　　D. $\dfrac{1}{3}$

9. 某人打靶命中率为 0.8，若独立地射击 5 次，则 5 次中有 2 次射中的概率为（　　）.

　　A. $0.8^2 \times 0.2^3$　　　　　　B. 0.8^2

　　C. $\dfrac{2}{5} \times 0.8^2$　　　　　　D. $C_5^2 \times 0.8^2 \times 0.2^3$

10. 每次试验成功概率为 $p(0<p<1)$，则在 3 次重复试验中至少失败 1 次的概率为（　　）.

　　A. $(1-p)^3$　　　　　　　　B. $1-p^3$

　　C. $3(1-p)$　　　　　　　　D. $(1-p)^3 + p(1-p)^2 + p^2(1-p)$

三、计算题

1. 指出下列各等式命题是否成立，并说明理由：

　　(1) $A \cup B = (A\bar{B}) \cup B$；

(2) $\overline{AB} = A \cup B$；

(3) $\overline{A \cup B} \cap C = \overline{ABC}$；

(4) $(AB)(A\overline{B}) = \varnothing$.

2. 已知 $P(\overline{A}) = 0.5$，$P(\overline{AB}) = 0.2$，$P(B) = 0.4$，求：

(1) $P(AB)$；　　(2) $P(A-B)$；　　(3) $P(A \cup B)$；　　(4) $P(\overline{A}\overline{B})$.

3. 设某地有甲、乙、丙三种报纸，据统计，该地成年人中，有 30% 读甲报纸，25% 读乙报纸，18% 读丙报纸，其中 8% 兼读甲、乙报纸，6% 兼读甲、丙报纸，5% 兼读乙、丙报纸，2% 兼读所有报，求该地区成年人中至少读一种报的概率.

4. 将 3 个球随机放入 4 个杯子中，问杯子中球的个数最多为 1，2，3 的概率各是多少？

5. 设箱中有 100 件产品，其中有 2 件次品，从中任取 3 件，求：

(1) 恰有一件次品的概率；(2) 至少有一件次品的概率；

(3) 至多有一件次品的概率.

6. 一间学生寝室中住有 6 位同学，求下列事件的概率：

(1) 6 个人中至少有 1 人生日在 10 月份；

(2) 6 个人中有 4 人的生日在 10 月份；

(3) 6 个人中有 4 人的生日在同一月份；

7. 两人相约于 7 点到 8 点之间在某地见面，求一人要等另一人半个小时以上的概率.

8. 从区间 $(0，1)$ 内任取两个数，求这两数的和小于 1.2 概率.

9. 某人忘记了电话号码的最后一位，求他拨号不超过 3 次而拨通电话的概率.

10. 设某光学仪器厂制造的透镜，第一次落下时打破的概率为 1/2；若第一次落下未打破，第二次落下打破的概率为 7/10；若前两次落下未打破，第三次落下打破的概率为 9/10；试求透镜落下三次而未打破的概率.

11. 设有甲、乙两袋，其中甲袋中有 10 个白球，5 个红球；乙袋中有 5 个白球，6 个红球. 现从甲袋中任取一个球放入乙袋中，然后再从乙袋中任取一个球，问取到白球的概率是多少？

12. 人们为了解一只股票未来一定时期内价格的变化，往往会去分析影响股票价格的基本因素，比如利率的变化. 现假设人们经分析估计利率下调的概率为 60%，利率不变的概率为 40%. 根据经验，人们估计，在利率下调的情况下，该支股票价格上涨的概率为 80%，而在利率不变的情况下，其价格上涨的概率为 40%，求该只股票将上涨的概率.

13. 某企业所使用的电子元件由甲、乙、丙三家电子元件厂提供，三家厂提供元件的份额分别为 15%，50%，35%，各厂的次品率分别为 0.02，0.01，0.03，假设所有的电子元件均匀混放在仓库中。试求：

(1) 在仓库中随机抽取一个元件，经检测是次品的概率？

(2) 在仓库中随机抽取一个元件，经检测是次品，则此元件是丙厂生产的概率是多少？

14. 对以往数据分析结果表明，当机器调整得良好时，产品的合格率为 98%，而当机器发生某种故障时，其合格率为 55%．每天早上机器开动时，机器调整良好的概率为 95%．试求已知某日早上第一件产品是合格时，机器调整得良好的概率是多少？

15. 8 支步枪中有 5 支已校准过，3 支未校准．一名射手用校准过的枪射击时，中靶的概率为 0.8；用未校准的枪射击时，中靶的概率为 0.3．现从 8 支枪中任取一支用于射击，结果中靶，求所用的枪是校准过的概率．

16. 设某批产品中，甲、乙、丙三厂生产的产品分别占 45%，35%，20%，各厂的产品的次品率分别为 4%，2%，5%，现从中任取一件，
    (1) 求取到的是次品的概率；
    (2) 经检验发现取到的产品为次品，求该产品是甲厂生产的概率．

17. 一人看管 3 台机器，一段时间内，3 台机器需要人看管的概率分别为 0.1，0.2，0.15，求一段时间内：(1) 没有一台机器需要看管的概率；(2) 至少一台机器不需要人看管的概率．

18. 一辆飞机场的交通车载有 25 名乘客途经 9 个站，每位乘客都等可能在这 9 站中任意一站下车（且不受其他乘客下车与否的影响），交通车只在有乘客下车时才停车，求交通车在第 i 站停车的概率以及在第 i 站不停车的条件下第 j 站的概率，并判断"第 i 站停车？"与"第 j 站停车"两个事件是否独立．

19. 某种小数移栽后的成活率为 90%，一居民小区移栽了 20 棵，求能成活 18 的概率．

20. 一条自动生产线上的产品，次品率为 4%，求：
    (1) 从中任取 10 件，求至少有两件次品的概率；
    (2) 一次取 1 件，无放回地抽取，求当取到第二件次品时，之前已取到 8 件正品的概率．

21. 某型号高炮，每门炮发射一发炮弹击中飞机的概率为 0.6，现若干门炮同时各射一发，
    (1) 求：欲以 99% 的把握击中一架来犯的敌机至少需配置几门炮？
    (2) 现有 3 门炮，欲以 99% 的把握击中一架来犯的敌机，求：每门炮的命中率应提高到多少？

22. 某店内有 4 名售货员，根据经验每名售货员平均在一小时内只用秤 15 分钟，问该店配置几台秤较为合理．

第二章 随机变量及其分布

§2.1 随机变量

在第一章中我们学习了随机现象及概率的基本知识，发现有些随机试验的结果可以直接用数字表示，如抛掷骰子观察得到的点数. 设样本空间 $\Omega=\{1,2,3,4,5,6\}$，其中"3"表示最后掷得的点数是 3 点，或者当出现"3"的时候，就可以知道这次试验的最后得到的点数是 3. 还有一些试验结果我们不能直接用数字表示，如抛掷一枚硬币观察最后落地时硬币的正反面，可以设样本空间为 $\Omega=\{\text{正面},\text{反面}\}$，这种表示方法虽然很直观，但是不利于用数学方法来研究随机现象. 为了更好地研究随机现象，通常把样本空间中的样本点与数字相对应，例如观察硬币正反面的试验中，我们利用数字"1"表示结果为"正面"，利用数字"0"表示结果为"反面".

通过用数字来对应样本点的方法，使我们可以利用数学的方法来更系统地研究随机现象的统计规律性，由此我们提出了随机变量的概念.

定义 设随机试验的样本空间为 Ω，对于其中的样本点 $\omega\in\Omega$，定义 $X=X(\omega)$ 是在样本空间 Ω 上的实值单值函数，则 X 称为随机变量. 随机变量通常用 $X,Y,Z,\cdots,\xi,\eta$ 等字母来表示，随机变量的取值常用小写字母 x_1, $x_2,y,z,\cdots,a,b$ 来表示.

注：实值单值函数指的是每一个 ω 仅存在唯一一个实数 $X(\omega)$ 与之对应，其中 $X(\omega)$ 是一个关于样本点的函数，值域为实数集.

下面我们举例说明随机变量的概念.

例 1 观察掷骰子得到点数的奇偶性，其样本空间 $\Omega=\{\text{奇数},\text{偶数}\}$ 可以做如下定义：

$$X(\omega)=\begin{cases}0, & \omega=\text{"偶数"},\\ 1, & \omega=\text{"奇数"}.\end{cases}$$

当试验中出现"0"时表示掷出的点数为偶数，当出现"1"时表示掷出的点数为奇数.

例 2 判断某次试验是否成功，则样本空间 $\Omega=\{\text{成功},\text{未成功}\}$，同理我们可以定义：

$$X(\omega) = \begin{cases} 0, & \omega = \text{"未成功"}, \\ 1, & \omega = \text{"成功"}. \end{cases}$$

当试验中出现"0"时表示试验没有成功,当出现"1"时表示试验成功了.

例 3 某商店在某一段时间内接待的顾客数若用随机变量 X 表示,则 X 的取值范围为大于或等于 0 的一个整数.

例如:事件 $A=\{$接待的顾客数大于 50 人$\}$ 可表示为事件 $A=\{X>50\}$;

事件 $B=\{$没有接待顾客$\}$ 可表示为事件 $B=\{X=0\}$;

通过例 3 可以看出随机变量的取值既可以是某一个数,也可以是某一个区间,我们需要根据具体的问题进行定义.

例 4 观察某种零件的使用寿命(单位:小时),我们可以用随机变量 T 来表示,则 T 的取值范围为 $T \geqslant 0$.

例如:事件 $A=\{$该种零件使用寿命大于 300 小时$\}$ 表示为事件 $A=\{T>300\}$.

我们可以看出例 4 与之前的例子不同,前面三个例子中的随机变量的取值都是离散的,而例 4 中的随机变量的可能取值是连续的,它可能是大于或等于 0 的任何一个数.

随机变量可以根据它的取值分为离散型随机变量与非离散型随机变量,其中非离散型随机变量又可以进一步分为连续型随机变量与混合型随机变量. 在本书中我们主要学习的是离散型与连续型随机变量.

习题 2.1

1. 袋中装有 3 只白球,2 只黑球,若将 3 只白球分别编为 1 号,2 号,3 号,2 只黑球分别编为 4 号,5 号,从中任取 3 只球,则这三个球编号的样本空间是什么?
2. 测量某机床加工的零件与零件标准长度的误差 e,假定机床加工零件偏差的绝对值小于某一个固定的常数 $\varepsilon(\varepsilon>0)$. 则随机变量 e 的取值范围是多少?

§2.2 离散型随机变量及其分布律

一、离散型随机变量

在某些试验中(例如 §2.1 中的例 1,例 2,例 3),随机变量的取值是有限个或者无穷可列个. 这一类随机变量通常称为离散型随机变量,下面我们给出离散型随机变量的精确定义:

§2.2 离散型随机变量及其分布律

定义 1 若随机变量 X 的所有可能取值为 x_1，x_2，$\cdots$，x_n，$\cdots$，并且其对应的概率分别为 p_1，p_2，$\cdots$，p_n，$\cdots$，即

$$P\{X=x_k\}=p_k(k=1,2,\cdots,n,\cdots), \tag{2.1}$$

则称 X 为离散型随机变量，并且式(2.1)称为随机变量 X 的概率分布，又称分布律或分布列.

离散型随机变量 X 的分布律也可以用列表的形式表示如下：

X	x_1	x_2	$\cdots$	x_n	$\cdots$
P	p_1	p_2	$\cdots$	p_n	$\cdots$

由概率的定义知，离散型随机变量的分布律应满足如下的两个基本条件：

(1) $p_k \geqslant 0$，$k=1,2,\cdots,n,\cdots$；

(2) $\sum\limits_{k=1}^{\infty} p_k = 1$.

注：为了今后研究方便，随机变量的取值 x_1，x_2，$\cdots$，x_n，$\cdots$通常按照从小到大的顺序排列.

则在上一节中的例 1 观察掷骰子的奇偶性的分布律就可表示为：

X	0	1
P	$\frac{1}{2}$	$\frac{1}{2}$

例 1 观察掷骰子得到的点数，试写出骰子点数的分布律.

解 设随机变量 X 表示得到的点数，则分布律为

$$P\{X=k\}=\frac{1}{6} \quad (k=1,2,3,4,5,6),$$

还可以表示为：

X	1	2	3	4	5	6
P	$\frac{1}{6}$	$\frac{1}{6}$	$\frac{1}{6}$	$\frac{1}{6}$	$\frac{1}{6}$	$\frac{1}{6}$

下面我们介绍几种常见的离散型随机变量的分布律.

二、几种常见的离散型分布

1. 两点分布(0—1 分布)

定义 2 若随机变量 X 只能取 0 或者 1，设它取 1 的概率为 p，则它的分布律为

$$P\{X=1\}=p,\ P\{X=0\}=1-p=q \quad (0<p<1),$$

则称随机变量 X 服从两点分布(或 0—1 分布).

两点分布的分布律还可表示为：

X	0	1
P	q	p

两点分布的重要性在于对一个随机试验，若它的样本空间只包含两个样本点，即 $\Omega=\{\omega_0, \omega_1\}$，我们都可以在样本空间定义一个服从两点分布的随机变量：

$$X(\omega)=\begin{cases} 0, & \omega=\omega_0, \\ 1, & \omega=\omega_1. \end{cases}$$

例如观察硬币的正反面，掷骰子点数的奇偶性，某次试验是否成功，某个零件是否合格，这些都可以用两点分布定义。

例 2 某袋中装有 10 个球，其中 7 个白球，3 个黑球，从中任取一球，观察取得的球是否为白球，定义随机变量 X 为"取得的是白球"，即

$$X=\begin{cases} 0, & \text{"黑球"} \\ 1, & \text{"白球"}. \end{cases}$$

求随机变量 X 的分布律。

解 由古典概型的定义可知

$$P\{X=1\}=\frac{7}{10}, \quad P\{X=0\}=\frac{3}{10},$$

故 X 的分布律可以表示为：

X	0	1
P	$\frac{3}{10}$	$\frac{7}{10}$

2. 二项分布

若某试验只有两个可能的结果：A 与 $\bar{A}$，设 $P(A)=p(0<p<1)$，则 $P(\bar{A})=1-p$，则称该试验为**伯努利试验**。将该试验在相同条件下独立重复地进行 n 次，则称为 **n 重伯努利试验**。

注：独立指的是每次试验的结果不会相互影响。

根据古典概型可得，在这 n 次试验中 A 发生 $k(0 \leqslant k \leqslant n)$ 次的概率为

$$P\{X=k\}=C_n^k p^k (1-p)^{n-k},$$

我们称这种分布为二项分布，下面我们给出它的详细定义。

定义 3 若离散型随机变量 X 的分布律为

$$P\{X=k\}=C_n^k p^k (1-p)^{n-k} \quad (k=0, 1, 2, \cdots, n),$$

其中 $0<p<1$，则称随机变量 X 服从参数为 n, p 的二项分布，或者称为伯努利分布，记作 $X \sim B(n, p)$ 或 $X \sim b(n, p)$。

注：特别地，当 $n=1$ 时，二项分布即为两点分布，此时
$$P\{X=0\}=C_1^0 p^0(1-p)^1=1-p,$$
$$P\{X=1\}=C_1^1 p^1(1-p)^0=p,$$
所以两点分布可表示为 $X\sim B(1,p)$.

二项分布的性质：对于固定的 n 与 p，当 k 增大时，概率 $P\{x=k\}$ 的值先是随着 k 的增大而增大，在达到最大值时会随着 k 的增大而减小，可以得到如下结论：

(1) 当 $(n+1)p$ 为整数时，概率 $P\{X=k\}$ 在 $(n+1)p$ 与 $(n+1)p-1$ 处达到最大值；

(2) 当 $(n+1)p$ 不为整数时，概率 $P\{X=k\}$ 在 $[(n+1)p]$ 处达到最大值.

注：$[(n+1)p]$ 为取整运算，即表示不超过 $(n+1)p$ 的最大整数.

例 3 观察每次掷硬币是正面还是反面，独立重复 10 次，求恰好出现 3 次正面的概率是多少？

解 将每次看成一次随机试验，设随机变量 X 表示出现正面的次数，则 $X\sim B(10,0.5)$
$$P\{X=3\}=C_{10}^3(0.5)^3(1-0.5)^7=C_{10}^3\left(\frac{1}{2}\right)^{10}\approx 0.117,$$
则恰好出现 3 次正面的概率为 0.117.

例 4 某人进行射击训练，假设此人每次命中的概率为 0.08，求此人独立射击 50 次至少命中三次的概率？并求此人命中多少次的概率最大？

解 将每次射击看成一次随机试验，设随机变量 X 表示击中的次数，则 $X\sim B(50,0.08)$

$$\begin{aligned}P\{X\geqslant 3\}&=\sum_{k=3}^{50}C_{50}^k(0.08)^k(1-0.08)^{50-k}\\&=1-P\{X=0\}-P\{X=1\}-P\{X=2\}\\&=1-0.92^{50}-C_{50}^1(0.08)^1(1-0.08)^{49}-C_{50}^2(0.08)^2(1-0.08)^{48}\\&\approx 0.60.\end{aligned}$$

又因为
$$(n+1)p=51\times 0.08=4.08.$$
所以当 $k=4$ 时二项分布的概率 p 达到最大值，即此人命中 4 次的概率最大.

3. 泊松分布

泊松分布是由法国数学家泊松(Poisson)于 1837 年首先提出的.

定义 4 若离散型随机变量 X 的分布律为
$$P\{X=k\}=\mathrm{e}^{-\lambda}\frac{\lambda^k}{k!},\ \lambda>0\quad(k=0,1,2,\cdots),$$
则称随机变量 X 服从参数为 λ 的泊松分布，记作 $X\sim P(\lambda)$. 泊松分布的概率值可以通过附表查询.

泊松分布的用处非常广泛,通常用来表示在单位时间内某稀有事件发生的次数,例如:

(1) 某售票口接待的顾客数;

(2) 某汽车场停车的辆数;

(3) 某种放射物在某段时间间隔内放射的粒子数;

(4) 某报警电话在一定时间内接到的电话数;

(5) 单位时间内纺锭发生断头的次数.

另外,泊松分布还可作为二项分布的一种极限近似. 通常当 n 很大,并且 p 很小时,二项分布可以用泊松分布近似求值,下面给出近似的公式.

$$P\{X=k\}=C_n^k p^k (1-p)^{n-k} \approx e^{-\lambda}\frac{\lambda^k}{k!} \quad (k=0,1,2,\cdots),$$

其中 $\lambda=np$.

注:在实际运算中,当 $n \geqslant 100$,$np \leqslant 10$ 时近似效果比较好.

例 5 纺织厂女工照顾 400 个纺锭,假设每个纺锭在某段时间 t 内发生断头的概率为 0.01,求在这段时间内断头少于 3 个的概率?

解 设随机变量 X 表示断头的个数.

$$\begin{aligned}P\{X<3\}&=P\{X=0\}+P\{X=1\}+P\{X=2\}\\&=0.99^{400}-C_{400}^1(0.01)^1(1-0.01)^{399}-C_{400}^2(0.01)^2\\&\quad (1-0.01)^{398}\end{aligned}$$

可以用泊松近似上述结果,所以 $\lambda=np=400\times 0.01=4$.

$$原式 = e^{-4}\left(\frac{4^0}{0!}+\frac{4^1}{1!}+\frac{4^2}{2!}\right)\approx 0.238.$$

所以在这段时间内断头次数少于 3 的概率为 0.238.

例 6 某工厂生产产品 400 件,已知废品率为 0.005,则这批产品废品数大于 5 的概率是多少?

解 设随机变量 X 表示废品数,则

$$\begin{aligned}P\{X>5\}&=\sum_{k=6}^{400}C_{400}^k(0.005)^k(1-0.005)^{400-k}\\&=1-\sum_{k=0}^{5}C_{400}^k(0.005)^k(1-0.005)^{400-k}\\&\approx 1-\sum_{k=0}^{5}e^{-\lambda}\frac{\lambda^k}{k!},\end{aligned}$$

其中 $\lambda=np=400\times 0.005=2$.

可以通过查附表得出结果 $=1-e^{-2}\left(\sum_{k=0}^{5}\frac{2^k}{k!}\right)\approx 0.017.$

习题 2.2

1. 从 1~10 这 10 个数字中随机取出 5 个数字，X 表示取出的 5 个数中的最大值．试求 X 的分布律．

2. 若 X 服从二点分布，且 $P\{X=1\}=2P\{X=0\}$，求 X 的分布律．

3. 设顾客在某窗口等待服务的时间 $X(\min)$ 服从 $\lambda=\dfrac{1}{5}$ 的指数分布．假设顾客在窗口等待服务超过 10 min，他就离开．若他一个月到银行 5 次，求：
   (1) 一个月内他未等到服务而离开窗口的次数 Y 的分布；
   (2) 求 $P\{Y\geqslant 1\}$．

4. 在 8 根灯管中混有 2 根坏灯管，现从中任取 3 根灯管，X 为取得的好灯管数，试在下列两种情况下求 X 的分布律：
   (1) 无放回地取 3 根灯管；
   (2) 有放回地取 3 根灯管（每次取一根）．

5. 某射手有 5 发子弹，射一次命中的概率为 0.8，如果命中了就停止射击，如果不命中就一直射到子弹用尽，求射击次数 X 的分布律．

6. 从一副扑克牌(52 张)中发出 5 张，求其中黑桃张数的分布律．

7. 设某批产品的合格品率为 0.8，废品率为 0.2，现对这批产品进行检测，只要测得一个正品就停止测试，试求检查次数的分布律．

8. 某车间有 12 台车床，每台车床由于工艺上的原因，时常需要停车，设每台车床停车（或开车）是相互独立的，每台车床在任一时刻处于停车状态的概率为 1/3，计算在任一指定时刻，车间里恰有 2 台车床处于停车状态的概率．

9. 某航线的航班，常常有旅客预订票后又临时取消，每班平均为 4 人．若预订票而又取消的人数服从以平均人数为参数的泊松分布，求：
   (1) 正好有 4 人取消的概率；
   (2) 不超过 3 人（含 3 人）取消的概率；
   (3) 超过 6 人（含 6 人）取消的概率；
   (4) 无人取消的概率．

10. 某商店出售某种高档商品，根据以往经验，每月销售量 X 服从 $\lambda=3$ 的泊松分布，问在月初进货时要库存此商品多少件，才能以 99% 的概率满足顾客的需要．

§2.3 随机变量的分布函数

对于离散型随机变量，我们可以研究它的每一个取值，并写出它的分布律，但是，对于非离散型随机变量，往往无法一一列出它全部取值。为了研究非离散型随机变量，人们给出了随机变量分布函数的概念。

一、随机变量的分布函数的定义

定义 6 设 X 为一个随机变量，则定义
$$F(x)=P\{X\leqslant x\} \quad (x\in \mathbf{R})$$
为随机变量 X 的分布函数，记作 $X\sim F(x)$。特别地，若为了区分随机变量 X 与随机变量 Y 的分布函数，还可以将随机变量的分布函数简记为 $F_X(x)$ 与 $F_Y(y)$。

下面我们给出分布函数的性质：

(1) $F(x)$ 表示的是随机变量 X 在区间 $(-\infty, x]$ 中所有可能取值所对应概率值的和。显然，当 x 增大的时候，区间包括的范围越来越大，包括的取值越来越多，则 $F(x)$ 越来越大，所以我们可以看出 $F(x)$ 为一个单调非减的函数。

(2) 由 $F(x)$ 的定义，我们可以知道 $F(x)$ 表示的依然是一个概率值，所以可以根据概率的定义知道，$0\leqslant F(x)\leqslant 1$。

特别地，当 x 趋于负无穷时，此区间内不包括随机变量 X 的任何取值，所以对应的概率和为 0，记为 $F(-\infty)=0$；同理当 x 趋于正无穷时，此区间内包括随机变量 X 的所有取值，则根据概率的定义可知其对应的概率和为 1，记为 $F(+\infty)=1$。

(3) 对于给定的任意两个实数 $x_1, x_2(x_1<x_2)$，有
$$P\{x_1<X\leqslant x_2\}=P\{X\leqslant x_2\}-P\{X\leqslant x_1\}=F(x_2)-F(x_1).$$

(4) 右连续性，即 $\lim\limits_{x\to x_0^+}F(x)=F(x_0)$ 或者表示为 $F(x+0)=F(x)$。

以上四条性质为分布函数 $F(x)$ 具有的基本性质，也可以作为判断一个函数是否为分布函数的依据，即如果一个函数 $F(x)$ 具有以上四条性质，则它一定可以表示为某随机变量的分布函数。下面我们利用例题来分析说明分布函数的性质及应用。

例 1 设离散型随机变量 X 的分布律为：

X	-1	0	1	3
P	0.1	0.2	0.4	0.3

试求 $P\{X\leqslant 0\}$，$P\{X>1\}$，$P\{0\leqslant X\leqslant 2\}$。

解 $P\{X\leqslant 0\}=P\{X=-1\}+P\{X=0\}=0.1+0.2=0.3$，

$$P\{X>1\}=P\{X=3\}=0.3,$$
$$P\{0\leqslant X\leqslant 2\}=P\{X=0\}+P\{X=1\}=0.2+0.4=0.6.$$

二、离散型随机变量的分布函数

设离散型随机变量 X 的分布律为:

X	x_1	x_2	$\cdots$	x_n	$\cdots$
P	p_1	p_2	$\cdots$	p_n	$\cdots$

其中 $p_k \geqslant 0$,且 $\sum\limits_{k=1}^{\infty} p_k = 1 (x_1 < x_2 < \cdots < x_n < \cdots, k=1,2,\cdots,n,\cdots)$,
则随机变量 X 的分布函数仿照例 1 可得
$$F(x) = P\{X \leqslant x\} = \sum_{x_i \leqslant x} P\{X = x_i\},$$

或者记作 $F(x) = \begin{cases} 0, & x < x_1 \\ p_1, & x_1 \leqslant x < x_2, \\ p_1 + p_2, & x_2 \leqslant x < x_3, \\ \cdots & \cdots \\ p_1 + p_2 + \cdots + p_n, & x_n \leqslant x < x_{n+1}, \\ \cdots & \cdots \end{cases}$

如图 2-1 所示,$F(x)$ 为阶梯函数,分段区间为半闭半开区间,并且右连续.

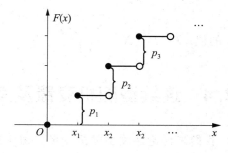

图 2-1

例 2 试求例 1 中随机变量 X 的分布函数 $F(x)$.

解 由上面 $F(x)$ 的公式易得 $F(x) = \begin{cases} 0, & x < -1, \\ 0.1, & -1 \leqslant x < 0, \\ 0.3, & 0 \leqslant x < 1, \\ 0.7, & 1 \leqslant x < 3, \\ 1, & x \geqslant 3. \end{cases}$

习题 2.3

1. 设随机变量 X 的分布律为:

X	1	2	3
P	0.25	0.5	0.25

   求 X 的分布函数,并求 $P\{X>0.5\}$,$P\{1<X<3\}$,$P\{X\leqslant 2\}$.

2. 甲、乙两人各有赌本 30 元和 20 元,以投掷一枚均匀硬币进行赌博.约定若出现正面,则甲赢 10 元,乙输 10 元;如果出现反面,则甲输 10 元,乙赢 10 元.分别求投掷一次后甲、乙两人赌本的概率分布及相应的分布函数.

3. 设离散型随机变量 X 的分布律为:(1)$P\{X=k\}=A\cdot 3^k$,$k=1,2,\cdots,100$;(2)$P\{X=k\}=A\cdot 3^{-k}$,$k=1,2,\cdots$,分别求(1),(2)中常数 A 的值.

4. 假设随机变量 X 的分布函数是 $F(x)=A+B\arctan x$,求常数 A,B.

5. 设随机变量 X 的分布函数为

$$F(x)=\begin{cases} 0, & x<0, \\ A\sin x, & 0\leqslant x\leqslant \dfrac{\pi}{2}, \\ 1, & x>\dfrac{\pi}{2}. \end{cases}$$

   试求:(1)A 的值;(2)$P\left\{|X|<\dfrac{\pi}{6}\right\}$.

§2.4 连续型随机变量及其概率密度

在本节中,我们来讨论连续型随机变量.由于连续型随机变量的取值是某个区间而不是离散的点,所以我们不能像对待离散型随机变量那样把每个点对应的概率一一列举出来.

对于连续型随机变量,我们关心的不再是取某点的概率,而是取某个区间的概率.例如在灯泡寿命问题中,人们关心的是灯泡寿命大于 300 小时的概率,即 $P\{t>300\}$,所以在本节中我们主要研究连续型随机变量及其概率密度.

一、连续型随机变量及其概率分布

定义 1 如果对于随机变量 X 及其分布函数 $F(x)$,存在非负可积函数

$f(x)$，使得对于任意实数 x 有
$$F(x) = P\{X \leqslant x\} = \int_{-\infty}^{x} f(t)\mathrm{d}t,$$
则称 X 为**连续型随机变量**，其中函数 $f(x)$ 称为 X 的**概率密度函数**，简称**概率密度**或者**密度函数**.

下面给出概率密度函数 $f(x)$ 的性质：

(1) $f(x) \geqslant 0$.

(2) 由分布函数的性质易得 $F(+\infty) = \int_{-\infty}^{+\infty} f(x)\mathrm{d}x = 1$.

(3) 对于任意实数 $a, b(a < b)$ 有
$$P\{a < X \leqslant b\} = P\{X \leqslant b\} - P\{X \leqslant a\} = F(b) - F(a)$$
$$= \int_{-\infty}^{b} f(x)\mathrm{d}x - \int_{-\infty}^{a} f(x)\mathrm{d}x = \int_{a}^{b} f(x)\mathrm{d}x,$$
更为特殊地，当 a 无限接近于 b 的时候，
$$P\{X = b\} = \lim_{\delta \to 0^+} P\{b - \delta < X \leqslant b\} = \lim_{\delta \to 0^+} \int_{b-\delta}^{b} f(x)\mathrm{d}x = 0.$$
通过这个性质我们可以看出，连续型随机变量取某一个特定值的概率为 0，即 $P\{X \leqslant a\} = P\{X < a\}$. 通过此性质我们可以更深一步地认识到概率为 0 的事件不一定是不可能事件.

(4) 若 $f(x)$ 在点 x 处连续，则可由积分与导数的关系得出
$$F'(x) = f(x).$$
性质 (4) 给出了由分布函数求解概率密度函数的方法.

注：(1) 我们可以利用积分的几何意义表示出来性质 (2)，如图 2-2 所示.

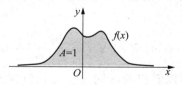

图 2-2

(2) 在书写概率密度函数的时候，一定要注意区分未知变量与积分变量，避免混淆.

(3) 若一个函数具有上述的 4 条性质，则它可以作为某随机变量的概率密度函数.

例 1 设随机变量 X 的概率密度函数为：
$$f(x) = \begin{cases} 3x^2, & 0 \leqslant x \leqslant 1, \\ 0, & \text{其他}. \end{cases}$$

试求：(1) $P\left\{X \leqslant \dfrac{1}{2}\right\}$；(2) $P\left\{\dfrac{1}{2} < X < 2\right\}$；(3) 求分布函数 $F(x)$.

解 (1) $P\left\{X \leqslant \dfrac{1}{2}\right\} = \int_{-\infty}^{\frac{1}{2}} f(x)\mathrm{d}x = \int_{-\infty}^{0} 0\mathrm{d}x + \int_{0}^{\frac{1}{2}} 3x^2 \mathrm{d}x = \dfrac{1}{8}$.

(2) $P\left\{\dfrac{1}{2} < X < 2\right\} = \int_{\frac{1}{2}}^{1} 3x^2 \mathrm{d}x + \int_{1}^{2} 0\mathrm{d}x = \dfrac{7}{8}$.

(3) 由定义知 $F(x) = \int_{-\infty}^{x} f(t) \mathrm{d}t$,

当 $x \leqslant 0$ 时, $F(x) = \int_{-\infty}^{x} f(t) \mathrm{d}t = \int_{-\infty}^{x} 0 \mathrm{d}t = 0$；

当 $0 < x < 1$ 时, $F(x) = \int_{-\infty}^{x} f(t) \mathrm{d}t = \int_{-\infty}^{0} 0 \mathrm{d}t + \int_{0}^{x} 3t^2 \mathrm{d}t = x^3$；

当 $x \geqslant 1$ 时, $F(x) = \int_{-\infty}^{x} f(t) \mathrm{d}t = \int_{-\infty}^{0} 0 \mathrm{d}t + \int_{0}^{1} 3t^2 \mathrm{d}t + \int_{1}^{x} 0 \mathrm{d}t = 1$.

综上得 $F(x) = \begin{cases} 0, & x \leqslant 0, \\ x^3, & 0 < x < 1, \\ 1, & x \geqslant 1. \end{cases}$

二、几种常见的连续型分布

1. 均匀分布

定义 2 若连续型随机变量 X 概率密度函数为

$$f(x) = \begin{cases} \dfrac{1}{b-a}, & a \leqslant x \leqslant b, \\ 0, & \text{其他}, \end{cases}$$

则称随机变量 X 在区间 $[a, b]$ 上服从均匀分布，记作 $X \sim U(a, b)$. 易证 $f(x) \geqslant 0$, 并且 $\int_{-\infty}^{+\infty} f(x) \mathrm{d}x = 1$.

注：由于连续型随机变量在特定值的概率为 0，所以概率密度函数中区间 $[a, b]$ 也可表示为区间 $(a, b), (a, b], [a, b)$.

若随机变量 X 在区间 $[a, b]$ 上服从均匀分布，任取两点 $x_1, x_2 (a \leqslant x_1 \leqslant x_2 \leqslant b)$, 则

$$P\{x_1 < X \leqslant x_2\} = \int_{x_1}^{x_2} \frac{1}{b-a} \mathrm{d}x = \frac{x_2 - x_1}{b - a}.$$

从这个情况我们可以看出若区间 $[x_1, x_2]$ 包含于区间 $[a, b]$ 中，则随机变量 X 取值落在 $[x_1, x_2]$ 的概率即为这个区间的长度与 $[a, b]$ 区间长度的比值. 我们还可以得到均匀分布的分布函数为

$$F(x) = \begin{cases} 0, & x < a, \\ \dfrac{x-a}{b-a}, & a \leqslant x \leqslant b, \\ 1, & x > b. \end{cases}$$

例 2 设 k 在区间 $(-3, 5)$ 上服从均匀分布，求方程 $x^2 + kx + 1 = 0$ 有实根的概率是多少？

解 若方程有解，则 $\Delta = k^2 - 4 \geqslant 0$, 即 $k \leqslant -2$ 或 $k \geqslant 2$,

$$P\{k \leqslant -2\} + P\{k \geqslant 2\} = \int_{-3}^{-2} \frac{1}{5+3} \mathrm{d}x + \int_{2}^{5} \frac{1}{5+3} \mathrm{d}x = \frac{1}{2}.$$

所以方程有实根的概率为 $\dfrac{1}{2}$.

2. 指数分布

定义 3　若连续型随机变量 X 的概率密度函数为
$$f(x)=\begin{cases}\lambda e^{-\lambda x}, & x>0,\\ 0, & \text{其他},\end{cases}$$

其中 $\lambda>0$，则称随机变量 X 服从参数为 λ 的指数分布，记作 $X\sim e(\lambda)$. 易证 $f(x)\geqslant 0$，并且 $\int_{-\infty}^{+\infty}f(x)\mathrm{d}x=\int_{0}^{+\infty}\lambda e^{-\lambda x}\mathrm{d}x=-e^{-\lambda x}\big|_{0}^{+\infty}=1$.

可求得其分布函数为
$$F(x)=\begin{cases}1-e^{-\lambda x}, & x>0,\lambda>0,\\ 0, & \text{其他}.\end{cases}$$

指数分布一般用于表示各种元件的使用寿命，也可以表示顾客在柜台前等待服务的时间这些有关时间间隔的问题.

例 3　若零件的寿命 X 服从参数为 λ 的指数分布，求它使用至少 a 小时的概率？若它已经使用了 b 小时，求它还能使用至少 a 小时的概率？

解　$P\{X\geqslant a\}=\int_{a}^{+\infty}\lambda e^{-\lambda x}\mathrm{d}x=-e^{-\lambda x}\big|_{a}^{+\infty}=e^{-\lambda a}$,

$$P\{x>a+b\mid X>b\}=\dfrac{P\{x>a+b,X>b\}}{P\{X>b\}}=\dfrac{P\{x>a+b\}}{P\{X>b\}}=\dfrac{\int_{a+b}^{+\infty}\lambda e^{-\lambda x}\mathrm{d}x}{\int_{b}^{+\infty}\lambda e^{-\lambda x}\mathrm{d}x}=e^{-\lambda a}.$$

通过这个例题，我们可以看出此零件使用至少 a 小时的概率与使用了 b 小时之后它还能使用至少 a 小时的概率相同，这就是指数分布的特点之一，所以指数分布还被人们称作"永远年轻"的分布.

例 4　某灯泡的寿命 X 服从参数 $\lambda=\dfrac{1}{100}$ 的指数分布，求 3 个这样的灯泡使用 100 小时，都没有损坏的概率？

解　由题意知 X 的概率密度函数为 $f(x)=\begin{cases}\dfrac{1}{100}e^{-\frac{1}{100}x}, & x>0\\ 0, & \text{其他}.\end{cases}$

首先求出一个灯泡使用 100 小时不损坏的概率：
$$P\{X\geqslant 100\}=\int_{100}^{+\infty}\dfrac{1}{100}e^{-\frac{1}{100}x}\mathrm{d}x=-e^{-\frac{1}{100}x}\Big|_{100}^{+\infty}=e^{-1},$$

所以三个灯泡都不损坏的概率为 $p=(e^{-1})^3=e^{-3}$.

3. 正态分布

正态分布无论在实际生活中，还是理论研究中都具有非常重要的意义. 首先我们给出正态分布的定义.

定义 4 若连续型随机变量 X 的概率密度函数为
$$f(x)=\frac{1}{\sqrt{2\pi}\sigma}e^{-\frac{(x-\mu)^2}{2\sigma^2}},\quad -\infty<x<+\infty,$$
其中 μ, $\sigma(\sigma>0)$ 均为常数，则称随机变量 X 服从参数为 μ 和 σ^2 的正态分布，记作 $X\sim N(\mu,\sigma^2)$.

易证 $f(x)\geqslant 0$ 并且 $\int_{-\infty}^{+\infty}f(x)\mathrm{d}x=\int_{-\infty}^{+\infty}\frac{1}{\sqrt{2\pi}\sigma}e^{-\frac{(x-\mu)^2}{2\sigma^2}}\mathrm{d}x\xlongequal{t=\frac{x-\mu}{\sigma}}\int_{-\infty}^{+\infty}\frac{1}{\sqrt{2\pi}}e^{-\frac{t^2}{2}}\mathrm{d}t=1$.

正态分布的概率密度函数图像称为正态曲线，下面给出正态曲线 $f(x)$ 的几条重要性质：

(1) $f(x)$ 关于 $x=\mu$ 对称，即 $f(\mu-x)=f(\mu+x)$.

(2) $f(x)$ 在 $x=\mu$ 处达到最大值，即 $f(\mu)=\dfrac{1}{\sqrt{2\pi}\sigma}$.

(3) 当 $x\in(-\infty,\mu)$ 时，$f(x)$ 单调递增；当 $x\in(\mu,+\infty)$ 时，$f(x)$ 单调递减；当 $x\to\infty$ 时，图像无限接近与 x 轴，即以 x 轴为渐近线．如图 2-3 所示．

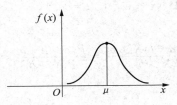

图 2-3

(4) $f(x)$ 在 $\mu\pm\sigma$ 处为拐点．当 μ 确定了，$f(x)$ 位置就确定了；当 σ 越大曲线越平坦，σ 越小曲线越陡峭，即 σ 决定曲线的陡峭程度．如图 2-4 所示．

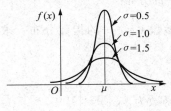

图 2-4

(5) 若 $X\sim N(\mu,\sigma^2)$，则 $Y=\dfrac{X-\mu}{\sigma}\sim N(0,1)$.

其中前四条性质我们从图像即可看出．关于性质(5)把 $\mu=0$，$\sigma=1$ 的正态分布称作**标准正态分布**．

注：关于性质(5)的证明将在§2.5中介绍，利用性质(5)可以把任何一个正态分布通过线性变换化简为标准正态分布，人们以此编制了标准正态分布的函数表以供查询计算，接下来我们就重点介绍标准正态分布．

§2.4 连续型随机变量及其概率密度

4. 标准正态分布

标准正态分布的概率密度函数与分布函数分别用 $\varphi(x)$ 与 $\Phi(x)$ 表示：

$$\varphi(x) = \frac{1}{\sqrt{2\pi}} e^{-\frac{x^2}{2}} (-\infty < x < +\infty), \Phi(x) = \frac{1}{\sqrt{2\pi}} \int_{-\infty}^{x} e^{-\frac{t^2}{2}} dt (-\infty < x < +\infty),$$

图像分别如图 2-5 和图 2-6 所示.

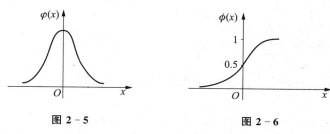

图 2-5　　　　　图 2-6

标准正态分布的性质：

(1) $\varphi(x)$ 为偶函数，关于 y 轴对称，所以 $\Phi(0) = \frac{1}{\sqrt{2\pi}} \int_{-\infty}^{0} e^{-\frac{t^2}{2}} dt = \frac{1}{2}$.

(2) 由 $\Phi(x) = P\{X \leqslant x\} = P\{X \geqslant -x\} = 1 - P\{X \leqslant -x\} = 1 - \Phi(-x)$，在书后的附表中只列出了当 $x \geqslant 0$ 时 $\Phi(x)$ 的值，所以当 $x < 0$ 时，可以利用此性质计算 $\Phi(x)$ 的值.

(3) $P\{a < X < b\} = \Phi(b) - \Phi(a)$.

(4) 对于一般的正态分布 $X \sim N(\mu, \sigma^2)$，若要计算 $F(x)$ 的值，只需利用性质通过线性变换化简为标准正态分布计算求值即可. 因为 $\frac{X-\mu}{\sigma} \sim N(0,1)$，所以

$$F(x) = P\{X < x\} = P\left\{\frac{X-\mu}{\sigma} < \frac{x-\mu}{\sigma}\right\} = \Phi\left(\frac{x-\mu}{\sigma}\right), \Phi\left(\frac{x-\mu}{\sigma}\right) 查表求值$$

即可.

例 5　设随机变量 $X \sim N(2, 9)$，练习查表求 $F(5)$，$P\{2 < X < 5\}$，$P\{X < -1\}$.

解　由题意知 $F(5) = P\{X < 5\} = P\left\{\frac{X-2}{3} < \frac{5-2}{3}\right\} = \Phi(1) = 0.8413$，

$$P\{2 < X < 5\} = P\left\{\frac{2-2}{3} < \frac{X-2}{3} < \frac{5-2}{3}\right\} = \Phi(1) - \Phi(0) = 0.8413 - 0.5 = 0.3413,$$

$$P\{X < -1\} = P\left\{\frac{X-2}{3} < \frac{-1-2}{3}\right\} = \Phi(-1) = 1 - \Phi(1) = 1 - 0.8413 = 0.1587.$$

例 6　假设某地公交车的车门高度为 185 cm，此地男性身高 X 服从正态分布 $X \sim N(175, 5^2)$（单位：cm），求该地区男子上车撞到头的概率？

解　由题意知

$$P\{X>185\}=P\left\{\frac{X-175}{5}>\frac{185-175}{5}\right\}=1-\Phi(2)=1-0.9772=0.0228,$$

所以该地区男子上车撞到头的概率为 0.022 8.

例 7 设 $X\sim N(\mu,\sigma^2)$,求 $P\{|X-\mu|<\sigma\}$,$P\{|X-\mu|<2\sigma\}$,$P\{|X-\mu|<3\sigma\}$.

解 由性质可得 $P\{|X-\mu|<\sigma\}=P\left\{-1<\dfrac{X-\mu}{\sigma}<1\right\}=2\Phi(1)-1=0.6826$,

$$P\{|X-\mu|<2\sigma\}=P\left\{-2<\frac{X-\mu}{\sigma}<2\right\}=2\Phi(2)-1=0.9544,$$

$$P\{|X-\mu|<3\sigma\}=P\left\{-3<\frac{X-\mu}{\sigma}<3\right\}=2\Phi(3)-1=0.9974.$$

通过例 7 我们发现,$P\{|X-\mu|<3\sigma\}$ 等于 0.997 4. 也就是说,虽然 $x\in(-\infty,+\infty)$,但是它几乎所有的点都落在了 $(\mu-3\sigma,\mu+3\sigma)$ 这个区域内. 这就是统计学中的"3σ 准则".

正态分布之所以如此重要,是因为在现实生活中大部分的随机现象均近似地服从正态分布,例如某地区人们的平均身高,某元件尺寸的误差,某学校学生的体重都均服从或近似地服从正态分布.

习题 2.4

1. 设连续型随机变量 X 的分布函数为

$$F(x)=\begin{cases}0,&x<0,\\Ax^2,&0\leqslant x<1,\\1,&x\geqslant1.\end{cases}$$

求:(1)常数 A 的值;(2)X 的概率密度函数 $f(x)$;(3)$P\{X\leqslant 2\}$.

2. 设随机变量 X 的概率密度函数为 $f(x)=\begin{cases}\dfrac{A}{\sqrt{1-x^2}},&|x|<1,\\0,&\text{其他}.\end{cases}$

试求:(1)常数 A;(2)$P\left\{\dfrac{1}{2}\leqslant X\leqslant 2\right\}$;(3)$X$ 的分布函数.

3. 若随机变量 X 在 $(1,6)$ 上服从均匀分布,则方程 $x^2+Xx+1=0$ 有实根的概率是多少?

4. 练习查表,设随机变量 $X\sim N(5,4)$,求 a 的值,使得
   (1)$P\{X<a\}=0.903$;(2)$P\{|X-5|>a\}=0.01$.

5. 练习查表,设 $X\sim N(10,2^2)$,求 $P\{10<X\leqslant 13\}$,$P\{|X-10|\geqslant 2\}$.

6. 某地 7 月份的降水量服从 $\mu=185$ mm,$\sigma=28$ mm 的正态分布,求该地区降

水量超过 250 mm 的概率.
7. 测量物体的长度时,产生的随机误差 X(mm) 服从正态分布 $N(0, 400)$,求在 3 次测量中至少有 1 次误差的绝对值不超过 30 mm 的概率.
8. 参加某项综合测试的 1 000 名学生均有机会获得该测试的满分 500 分. 设学生的得分 $X \sim N(\mu, \sigma^2)$,某教授根据得分 X 将学生分成五个等级:A 级:得分 $X \geqslant (\mu+\sigma)$;B 级:$\mu \leqslant X < (\mu+\sigma)$;C 级:$(\mu-\sigma) \leqslant X < \mu$;D 级:$(\mu-2\sigma) \leqslant X < (\mu-\sigma)$;F 级:$X < (\mu-2\sigma)$. 已知 A 级和 C 级的最低得分分别为 448 分和 352 分,求:
(1) μ 和 σ 是多少? (2) 多少个学生得 B 级?

§2.5　随机变量函数的分布

在上一节中的性质 5 中我们介绍了通过 $Y = \dfrac{X-\mu}{\sigma}$ 可以将一般的正态分布化为标准正态分布. 换句话说就是通过构造随机变量 X 的函数 $Y = f(X)$ 我们得到一个新的随机变量 Y,这个新的随机变量是服从标准正态分布的. 首先我们给出随机变量函数的定义.

一、随机变量函数的定义

定义　如果存在一个函数 $y = f(x)$ 而随机变量 Y 的所有取值是由随机变量 X 的取值通过函数 $f(x)$ 确定的,即 $Y = f(X)$,则称随机变量 Y 是随机变量 X 的函数.

在本节中,我们主要讲述离散型随机变量函数与一些简单的连续型随机变量函数,为了方便理解我们以例题的形式来讲解.

二、离散型随机变量函数的分布

设离散型随机变量的分布律为:

X	x_1	x_2	$\cdots$	x_n	$\cdots$
P	p_1	p_2	$\cdots$	p_n	$\cdots$

易见,离散型随机变量函数 $Y = f(X)$ 中随机变量 Y 依然为离散型随机变量,则我们求随机变量 Y 的分布律可以分为以下几步:

(1) 将 X 的所有取值代入函数 $y = f(x)$ 中求出 Y 的所有取值,即
$y_1 = f(x_1)$,$y_2 = f(x_2)$,$\cdots$,$y_n = f(x_n)$,$\cdots$;

(2) y_1,y_2,$\cdots$,y_n,$\cdots$ 对应的概率分别为 x_1,x_2,$\cdots$,x_n,$\cdots$ 对应的概

率，即
$P\{Y=y_1\} = P\{X=x_1\}$, $P\{Y=y_2\} = P\{X=x_2\}$, $\cdots$, $P\{Y=y_n\} = P\{X=x_n\}$, $\cdots$

(3)列表如下：

Y	y_1	y_2	$\cdots$	y_n	$\cdots$
P	p_1	p_2	$\cdots$	p_n	$\cdots$

(4)整理，先将 y_1, y_2, $\cdots$, y_n, $\cdots$ 按照从小到大的顺序排列，若 y_1, y_2, $\cdots$, y_n, $\cdots$ 有相同的值，则将其合并，对应的概率相加，最后整理完毕写出结果．

下面我们通过例题做详细的说明．

例1 已知

X	-1	0	1	2	3
P	0.1	0.2	0.3	0.1	0.3

(1)求 $Y=2X+1$ 的分布律；

(2)求 $Z=(X-1)^2$ 的分布律．

解 (1)随机变量 Y 的所有取值为 $-1, 1, 3, 5, 7$，

对应的概率分别为 $0.1, 0.2, 0.3, 0.1, 0.3$，

整理得随机变量 Y 的分布律为：

Y	-1	1	3	5	7
P	0.1	0.2	0.3	0.1	0.3

(2)随机变量 Z 的所有取值为 $4, 1, 0, 1, 4$，

对应的概率分别为 $0.1, 0.2, 0.3, 0.1, 0.3$，

整理得随机变量 Z 的分布律为：

Z	0	1	4
P	0.3	0.3	0.4

三、连续型随机变量函数的分布

设连续型随机变量 X 的分布函数为 $F_X(x) = P\{X \leqslant x\}$，则 $Y = f(X)$ 的分布可以利用定义来求，具体步骤如下：

(1)根据定义写出随机变量 Y 的分布函数 $F_Y(y) = P\{Y \leqslant y\} = P\{f(X) \leqslant y\}$；

(2)利用不等式 $f(X) \leqslant y$ 求出随机变量 X 的取值范围．

通过这两步，我们就将随机变量 Y 的分布函数转化为了随机变量 X 的分布函数，从而可以利用 X 的分布求出随机变量 Y 的分布函数，还可以进一步地利用 $f_Y(y)=F_Y'(y)$ 求出随机变量 Y 的概率密度函数．下面举例说明．

例 2 若 $X \sim N(\mu, \sigma^2)$，试求 $Y=\dfrac{X-\mu}{\sigma}$ 的概率密度函数．

解 $F_Y(y)=P\{Y \leqslant y\}=P\left\{\dfrac{X-\mu}{\sigma} \leqslant y\right\}=P\{X \leqslant \sigma y+\mu\}=F_X(\sigma y+\mu)$，

两边同时对 y 求导可得

$$f_Y(y)=F_Y'(y)=F_X'(\sigma y+\mu) \cdot (\sigma y+\mu)'=\sigma f_X(\sigma y+\mu).$$

又因为 $f(x)=\dfrac{1}{\sqrt{2\pi}\sigma}e^{-\frac{(x-\mu)^2}{2\sigma^2}}$，

所以 $f_Y(y)=\sigma f_X(\sigma y+\mu)=\dfrac{1}{\sqrt{2\pi}}e^{-\frac{y^2}{2}}$，$y \in (-\infty, +\infty)$．

综上，随机变量 Y 的概率密度函数为 $f_Y(y)=\dfrac{1}{\sqrt{2\pi}}e^{-\frac{y^2}{2}}$，$y \in (-\infty, +\infty)$．

例 3 设随机变量 $X \sim U(1, 2)$，试求 $Y=2X+1$ 的概率密度函数．

解 由题意知随机变量 X 的概率密度为

$$f(x)=\begin{cases} \dfrac{1}{2-1}, & 1 \leqslant x \leqslant 2, \\ 0, & \text{其他} \end{cases} = \begin{cases} 1, & 1 \leqslant x \leqslant 2, \\ 0, & \text{其他}, \end{cases}$$

则 $F_Y(y)=P\{Y \leqslant y\}=P\{2X+1 \leqslant y\}=P\left\{X \leqslant \dfrac{y-1}{2}\right\}=F_X\left(\dfrac{y-1}{2}\right)$

左右同时对 y 求导得

$$f_Y(y)=F_Y'(y)=F_X'\left(\dfrac{y-1}{2}\right) \cdot \left(\dfrac{y-1}{2}\right)'=\dfrac{1}{2}f_X\left(\dfrac{y-1}{2}\right),$$

所以当 $1 \leqslant \dfrac{y-1}{2} \leqslant 2$ 即 $3 \leqslant y \leqslant 5$ 时，$f_Y(y)=\dfrac{1}{2}f_X\left(\dfrac{y-1}{2}\right)=\dfrac{1}{2}$．

综上，$f_Y(y)=\begin{cases} \dfrac{1}{2}, & 3 \leqslant y \leqslant 5, \\ 0, & \text{其他}, \end{cases}$ 即随机变量 Y 服从区间 $[3, 5]$ 上的均匀分布．

例 4 设随机变量 $X \sim N(0, 1)$，求 $Y=2X^2+1$ 的概率密度函数．

解 由题意知 $F_Y(y)=P\{Y \leqslant y\}=P\{2X^2+1 \leqslant y\}$，

当 $y<1$ 时，$P\{2X^2+1 \leqslant y\}=P\{\varnothing\}=0$；

当 $y \geqslant 1$ 时，$P\{2X^2+1 \leqslant y\}=P\left\{-\sqrt{\dfrac{y-1}{2}} \leqslant X \leqslant \sqrt{\dfrac{y-1}{2}}\right\}=2F_X\left(\sqrt{\dfrac{y-1}{2}}\right)-1$．

左右同时对 y 求导得

$$f_Y(y) = F_Y'(y) = 2F_X'\left(\sqrt{\frac{y-1}{2}}\right) \cdot \left(\sqrt{\frac{y-1}{2}}\right)' = \frac{1}{2\sqrt{\frac{y-1}{2}}} f_X\left(\sqrt{\frac{y-1}{2}}\right)$$

$$= \frac{1}{2\sqrt{\pi(y-1)}} e^{-\frac{y-1}{4}}.$$

综上，可得 $f_Y(y) = \begin{cases} \dfrac{1}{2\sqrt{\pi(y-1)}} e^{-\frac{y-1}{4}}, & y \geq 1, \\ 0, & \text{其他}. \end{cases}$

此外，如果 $y = f(x)$ 若是一个严格单调的连续可微函数，我们可以建立随机变量 $Y = f(X)$ 的概率密度函数通式.

定理 设随机变量 X 服从概率密度函数为 $f_X(x)$ 的连续分布，$g(x)$ 为实数域上连续可微的单调递增函数，则 $Y = g(X)$ 也是连续型随机变量，其概率密度函数为

$$f_Y(y) = \begin{cases} f_X(g^{-1}(y))(g^{-1}(y))', & \alpha < x < \beta, \\ 0, & \text{其他}. \end{cases}$$

同样地，若函数 $g(x)$ 为连续可微的单调递减函数，则 $Y = g(X)$ 概率密度函数为

$$f_Y(y) = \begin{cases} -f_X(g^{-1}(y))(g^{-1}(y))', & \alpha < x < \beta, \\ 0, & \text{其他}. \end{cases}$$

其中 $\alpha = g(+\infty)$，$\beta = g(-\infty)$.

例 5 设 $X \sim e(\lambda)$，求 $Y = 2 - 3X$ 的概率密度函数.

解 设 X 的概率密度函数为

$$f_X(x) = \begin{cases} \lambda e^{-\lambda x}, & x > 0, \\ 0, & x \leq 0, \end{cases}$$

再令 $y = f(x) = 2 - 3x$，得反函数为

$$x = g(y) = \frac{2-y}{3},$$

所以 $g'(y) = -\dfrac{1}{3}$.

概率密度函数为

$$f_Y(y) = \frac{1}{3} f_X\left(\frac{2-y}{3}\right),$$

故 Y 的概率密度函数为

$$f_Y(y) = \begin{cases} \dfrac{1}{3}\lambda e^{-\frac{2-y}{3}\lambda}, & y < 2, \\ 0, & y \geq 2. \end{cases}$$

习题 2.5

1. 已知随机变量 X 的分布律为：

X	-1	0	1	2
P	0.1	0.35	0.30	0.25

   求 $Y=2X+1$ 及 $Z=X^2$ 的分布律.

2. 设随机变量 $X \sim N(0,1)$，求 $Y=1-2|X|$ 的密度函数.

3. 随机变量 X 的概率密度函数为 $f(x)=\begin{cases} \dfrac{2}{\pi(x^2+1)}, & x>0, \\ 0, & x \leqslant 0. \end{cases}$ 求 $Y=\ln X$ 的概率密度函数.

本章小结

本章知识要点

随机变量　分布函数　离散型随机变量及其分布律　连续型随机变量及其概率密度　0-1 分布　二项分布　泊松分布　指数分布　均匀分布　正态分布　随机变量函数的分布

本章常用结论

1. 关于分布的性质

(1) 分布函数 $F(x)$ 的性质：① 单调非减；② $0 \leqslant F(x) \leqslant 1$；③ $F(-\infty)=0$，$F(+\infty)=1$；④ 右连续性．

(2) 分布律 $P\{X=x_i\}=p_i(i=1,2,\cdots)$ 的性质：① $p_i \geqslant 0, i=1,2,\cdots$；② $\sum_{i=1}^{+\infty} p_i = 1$．

(3) 概率密度函数 $f(x)$ 的性质：① $f(x) \geqslant 0$；② $\int_{-\infty}^{+\infty} f(x)\mathrm{d}x = 1$．

2. 常见的重要分布

(1) 两点分布 (0-1 分布)．若 $X \sim b(1, p)$，则 X 的分布律为
$$P\{X=k\}=p^k(1-p)^{1-k} \quad (k=0, 1;\ 0<p<1).$$

(2) 二项分布．若 $X \sim B(n, p)$，则 X 的分布律为
$$P\{X=k\}=C_n^k p^k(1-p)^{n-k} \quad (k=0, 1, 2, \cdots, n;\ 0<p<1).$$

(3) 泊松分布．若 $X \sim P(\lambda)$，则 X 的分布律为
$$P\{X=k\}=\mathrm{e}^{-\lambda}\frac{\lambda^k}{k!} \quad (\lambda>0;\ k=0, 1, 2, \cdots).$$

(4) 均匀分布．若 $X \sim U(a, b)$，则 X 的概率密度函数为
$$f(x)=\begin{cases} \dfrac{1}{b-a}, & a \leqslant x \leqslant b, \\ 0, & \text{其他}. \end{cases}$$

分布函数为
$$F(x)=\begin{cases} 0, & x<a, \\ \dfrac{x-a}{b-a}, & a \leqslant x \leqslant b, \\ 1, & x \geqslant b. \end{cases}$$

(5) 指数分布．若 $X \sim e(\lambda)$，则 X 的概率密度函数为
$$f(x)=\begin{cases} \lambda\mathrm{e}^{-\lambda x}, & x>0, \\ 0, & \text{其他}, \end{cases}$$

分布函数为
$$F(x) = \begin{cases} 1-e^{-\lambda x}, & x>0, \\ 0, & 其他. \end{cases}$$

(6) 正态分布. 若 $X \sim N(\mu, \sigma)$，则 X 的概率密度函数为
$$f(x) = \frac{1}{\sqrt{2\pi}\sigma} e^{-\frac{(x-\mu)^2}{2\sigma^2}} \quad (-\infty < x < +\infty).$$

分布函数为
$$\Phi(x) = \frac{1}{\sqrt{2\pi}\sigma} \int_{-\infty}^{x} e^{-\frac{(t-\mu)^2}{2\sigma^2}} dt.$$

(7) 标准正态分布. 若 $X \sim N(0, 1)$，则 X 的概率密度函数为
$$f(x) = \frac{1}{\sqrt{2\pi}} e^{-\frac{x^2}{2}} \quad (-\infty < x < +\infty).$$

分布函数为
$$\Phi(x) = \frac{1}{\sqrt{2\pi}} \int_{-\infty}^{x} e^{-\frac{t^2}{2}} dt$$

(8) 若 $X \sim N(\mu, \sigma^2)$，则 $\dfrac{X-\mu}{\sigma} \sim N(0, 1)$.

3. 常用计算公式

(1) 若 $X \sim F(x)$，则 $P\{a < X \leqslant b\} = F(b) - F(a)$.

(2) 若 $P\{X = x_i\} = p_i (i=1, 2, \cdots)$，则 $P\{a < X \leqslant b\} = \sum\limits_{x_i \in (a,b]} P\{X = x_i\}$.

(3) 若 $X \sim f(x)$，则 $P\{a < X \leqslant b\} = \int_a^b f(x) dx$.

(4) 若 $X \sim N(0, 1)$，则 $\Phi(x) = 1 - \Phi(-x)$.

(5) 若 $X \sim N(0, 1)$，则 $P\{a < X < b\} = \Phi(b) - \Phi(a)$.

(6) 若 $X \sim N(\mu, \sigma^2)$，$F(x) = P\{X < x\} = P\left\{\dfrac{X-\mu}{\sigma} < \dfrac{x-\mu}{\sigma}\right\} = \Phi\left(\dfrac{x-\mu}{\sigma}\right)$.

总习题二

1. 设随机变量的分布律为 $P\{X=k\}=\dfrac{k}{15}$ ($k=1, 2, 3, 4, 5$)，

   求：(1) $P\left\{\dfrac{1}{2}<X<\dfrac{5}{2}\right\}$；(2) $P\{1\leqslant X\leqslant 3\}$；(3) $P\{X>3\}$.

2. 已知随机变量 X 只取 $-1, 0, 1, 2$ 四个值，相应的概率为 $\dfrac{1}{2c}, \dfrac{3}{4c}, \dfrac{5}{8c}$，$\dfrac{7}{16c}$，求常数 c，并计算 $P\{X<1 \mid X\neq 0\}$.

3. 一袋中有 5 只球，编号分别为 1，2，3，4，5，在袋中同时取 3 只球，以 X 表示取出的 3 只球中的大号码，写出随机变量 X 的分布律.

4. 某加油站替出租公司代营出租汽车业务，每出租一辆汽车，可从出租公司得到 3 元．因为代出租汽车这项业务，每天加油站需多付职工的服务费 60 元．设加油站每天出租汽车数 X 是随机变量，其分布律为：

X	10	20	30	40
P	0.15	0.25	0.45	0.15

   求因代营业务得到的收入大于当天的额外支出费用的概率．

5. 设自动生产线在调整后出现废品的概率为 0.1，当生产过程中出现废品时立即进行调整，X 表示在两次调整之间生产的合格品数，求：
   (1) X 的分布律；(2) $P\{X\geqslant 5\}$；
   (3) 在两次调整之间能以 0.6 的概率保证生产的合格品数不少于多少？

6. 设某运动员投篮命中的概率为 0.6，求他一次投篮时，投篮命中次数的分布律.

7. 某种产品共 10 件，其中有 3 件次品，现从中任取 3 件，求取出的 3 件产品中次品数的分布律．

8. 一批产品共 10 件，其中有 7 件正品，3 件次品，每次从这批产品中任取一件，取出的产品仍放回去，求直至取到正品为止所需次数 X 的分布律．

9. 设 $X\sim b(2, p)$，$Y\sim b(3, p)$，如果 $P\{X\geqslant 1\}=\dfrac{5}{9}$，求 $P\{Y\geqslant 1\}$.

10. 设书籍上每页的印刷错误的个数 X 服从泊松分布，经统计发现在某本书上，有一个印刷错误与有两个印刷错误的页数相同，求任意检验 4 页，每页上都没有印刷错误的概率．

11. 设随机变量 X 的概率密度为 $f(x)=\dfrac{1}{2\sqrt{\pi}}e^{-\frac{(x+3)^2}{4}}$，$-\infty<x<+\infty$，则 $Y=$ _____ $\sim N(0, 1)$.

12. 已知 X 的概率密度函数为 $f(x)=\begin{cases}2x, & 0<x<1, \\ 0, & 其他,\end{cases}$ 求 $P\{X\leqslant 0.5\}$，$P\{X=0.5\}$，$F(x)$.

13. 设随机变量 X 服从 $[1,5]$ 上的均匀分布，如果
   (1) $x_1<1<x_2<5$；
   (2) $1<x_1<5<x_2$,
   求 $P\{x_1<X<x_2\}$.

14. 设一个汽车站上，某路公共汽车每 5 min 有一辆车到达，设乘客在 5 min 内任一时刻到达是等可能的，计算在车站候车的 10 位乘客中只有一位等待时间超过 4 min 的概率．

15. 设 $X\sim N(3,2^2)$,
   (1) 确定 c，使得 $P\{X>c\}=P\{X\leqslant c\}$；
   (2) 设 d 满足 $P\{X>d\}\geqslant 0.9$，问 d 至多为多少？

16. 设测量误差 $X\sim N(0,10^2)$，现进行 100 次独立测量，求误差的绝对值超过 19.6 的次数不少于 3 的概率．

17. 设某城市男子身高 $X\sim N(170,36)$，问应如何选择公共汽车车门的高度才能使男子与车门碰头的概率小于 0.01？

18. 到火车站有两条路，第一条路程短，但交通拥挤，所需时间服从 $N(40,10^2)$；第二条路程长，但意外阻塞较少，所需时间服从 $N(50,4^2)$.
   (1) 若离开车时间只有 60 min，应选择哪条线路？
   (2) 若离开车时间只有 45 min，应选择哪条线路？

19. 设顾客排队等待服务的时间 X（以 min 计）服从 $\lambda=1/5$ 的指数分布，某顾客等待服务，若超过 10 min 他就离开．他一个月要去等待服务 5 次．以 Y 表示一个月内他未等到服务而离开的次数，试求 Y 的分布律和 $P\{Y\geqslant 1\}$.

20. 某仪器装有三只独立工作的同型号电器元件，其寿命都服从同一分布，密度函数为

$$f(x)=\begin{cases}\dfrac{1}{600}e^{-\frac{1}{600}x}, & x<0, \\ 0, & 其他,\end{cases}$$

   求在仪器使用的最初 200 h 内，至少有一个电子元件损坏的概率．

21. 设连续型随机变量 X 的概率密度函数为

$$f(x)=\begin{cases}x, & 0<x\leqslant 1, \\ 2-x, & 1<x\leqslant 2, \\ 0, & 其他,\end{cases}$$

   求其分布函数 $F(x)$.

22. 某城市饮水的日消费量 X（单位：百万升）是随机变量，其概率密度函数为

$$f(x) = \begin{cases} \dfrac{x e^{-x/3}}{9}, & x>0, \\ 0, & 其他, \end{cases}$$

试求：(1) 该城市的水日消费量不低于 600 万升的概率；

(2) 水日消费量介于 600 万~900 万升的概率.

23. 已知 X 的概率密度函数为 $f(x) = \begin{cases} c\lambda e^{-\lambda x}, & x>a, \\ 0, & 其他 \end{cases}$，$\lambda>0$，求常数 c 及 $P\{a-1 < X \leqslant a+1\}$.

24. 已知 X 的概率密度函数为 $f(x) = \begin{cases} 12x^2 - 12x + 3, & 0<x<1, \\ 0, & 其他, \end{cases}$ 计算 $P\{X \leqslant 0.2 \mid 0.1 < X \leqslant 0.5\}$.

25. 设 K 在 $(0,5)$ 上服从均匀分布，求 x 的方程 $4x^2 + 4xK + K + 2 = 0$ 有实根的概率.

26. 某单位招聘 155 人，按考试成绩录用，共有 526 人报名. 假设报名者的考试成绩 $X \sim N(\mu, \sigma^2)$，已知 90 分以上的 12 人，60 分以下的 83 分，若从高分到低分依次录取，某人的成绩为 78 分，问此人是否能被录取？

27. 假设某地在任何长为 t（年）的时间间隔内发生地震的次数 $N(t)$ 服从参数为 $\lambda = 0.1t$ 的泊松分布，X 表示连续两次地震之间相隔的时间（单位：年）.

(1) 证明 X 服从指数分布并求出 X 的分布函数；

(2) 求今后 3 年内再次发生地震的概率；

(3) 求今后 3~5 年内再次发生地震的概率.

28. 在 100 件产品中，90 个一等品，10 个二等品. 随机取 2 个安装在一台设备上，若一台设备中有 i 个（$i=0,1,2$）个二等品，则此设备的使用寿命服从参数为 $\lambda = i+1$ 的指数分布.

(1) 试求设备的寿命超过 1 的概率；

(2) 已知设备的寿命超过 1，求安装在设备上的两个零件都是一等品的概率.

29. 设随机变量 X 的分布律为：

X	-2	-1	0	1	3
P	1/5	1/6	1/5	1/15	11/30

试求 $Y = X^2$ 的分布律.

30. 设随机变量 X 的概率密度函数为 $f_X(x) = \begin{cases} 0, & x<0, \\ 2x^3 e^{-x^2}, & x \geqslant 0, \end{cases}$ 求 $Y = 2X+3$ 的概率密度函数.

31. 设随机变量 X 的概率密度函数为 $f_X(x)=\begin{cases} e^{-x}, & x>0, \\ 0, & x\leq 0, \end{cases}$ 求 $Y=e^X$ 的概率密度函数.

32. 设随机变量 X 的概率密度函数为 $f_X(x)=\begin{cases} 1-|x|, & -1<x<1, \\ 0, & \text{其他}, \end{cases}$ 求随机变量 $Y=X^2+1$ 的分布函数与概率密度函数.

第三章 多维随机变量及其分布

前面我们讨论的都是一个随机变量的问题,然而在现实生活中,某些随机试验的结果往往需要两个或两个以上的随机变量来表示,称为多维随机变量.例如,为了研究某大学的全部学生的身体情况,对这一大学的学生进行抽查.分别以 X 和 Y 表示体重和身高,在这里,样本空间 $S=\{$某大学的全部学生$\}$,而 X 和 Y 是定义在 S 上的两个随机变量(图 3-1).又如,飞机在空中的位置 T 是由三个坐标来确定的,这三个坐标即为三个随机变量(图 3-2).

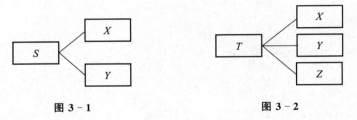

图 3-1　　　　　　图 3-2

首先我们介绍二维随机变量的概念.

设 E 是一个随机试验,若 X,Y 是定义在样本空间 S 上的随机变量,则向量 (X,Y) 叫作二维随机变量(或二维随机向量).

相对二维随机变量,之前讨论的随机变量称作一维随机变量,由于二维随机变量大部分可以推广到多维随机变量,所以本章只研究二维随机变量.与一维随机变量类似,二维随机变量也分为离散型和连续型随机变量.

§3.1　二维离散型随机变量

一、二维离散型随机变量的联合分布

定义 1　如果二维随机变量 (X,Y) 全部可能取到的值是有限对或无限可数对,则称 (X,Y) 是二维离散型随机变量.

定义 2　设二维离散型随机变量 (X,Y) 的所有可能取的值为 (x_i,y_j) $(i,j=1,2,\cdots)$,则称
$$P\{X=x_i,Y=y_j\}=P\{(X=x_i)\cap(Y=y_j)\}=p_{ij} \quad (i,j=1,2,\cdots)$$
(3.1)

为 (X, Y) 的联合概率分布(简称 (X, Y) 的联合分布或概率分布).

由概率定义可知:

(1) $p_{ij} \geqslant 0$;

(2) $\sum_{i=1}^{\infty} \sum_{j=1}^{\infty} p_{ij} = 1.$

为了形象地表示 (X, Y) 所有可能取值及其相应概率,我们用下面表格列出 (X, Y) 的联合分布,称为 (X, Y) 的联合分布律:

X \ Y	y_1	y_2	$\cdots$	y_i	$\cdots$
x_1	p_{11}	p_{21}	$\cdots$	p_{i1}	$\cdots$
x_2	p_{12}	p_{22}	$\cdots$	p_{i2}	$\cdots$
$\vdots$	$\vdots$	$\vdots$	$\cdots$	$\vdots$	
x_j	p_{1j}	p_{2j}	$\cdots$	p_{ij}	$\cdots$
$\vdots$	$\vdots$	$\vdots$	$\cdots$	$\vdots$	

例1 一个随机变量 X 等可能地取 1,2,3,4 四个数字,另一个随机变量 Y 等可能地取 $X-1$ 到 4 之间的整数值,试写出 (X, Y) 的联合分布律.

解 $X=4$ 时,Y 的可能取值为 3,4 两个值;

$X=3$ 时,Y 的可能取值为 2,3,4 三个值;

$X=2$ 时,Y 的可能取值为 1,2,3,4 四个值;

$X=1$ 时,Y 的可能取值为 0,1,2,3,4 五个值.

则 $P_{43} = P\{X=4, Y=3\} = P_{44} = P\{X=4, Y=4\}$

$= P\{X=4\}P\{X=3|X=4\} = P\{X=4\}P\{Y=4|X=4\}$

$= \dfrac{1}{4} \times \dfrac{1}{2} = \dfrac{1}{8},$

$P_{3i} = P\{X=3, Y=i\} = P\{X=3\}P\{Y=i|X=3\}$

$= \dfrac{1}{4} \times \dfrac{1}{3} = \dfrac{1}{12} \quad (i=2, 3, 4),$

$P_{2j} = P\{X=2, Y=j\} = P\{X=2\}P\{Y=j|X=2\}$

$= \dfrac{1}{4} \times \dfrac{1}{4} = \dfrac{1}{16} \quad (j=1, 2, 3, 4),$

$P_{1k} = P\{X=1, Y=k\} = P\{X=1\}P\{Y=k|X=1\}$

$= \dfrac{1}{4} \times \dfrac{1}{5} = \dfrac{1}{20} (k=0, 1, 2, 3, 4).$

从而可得到 (X, Y) 的联合分布律:

X\Y	1	2	3	4
0	$\frac{1}{20}$	0	0	0
1	$\frac{1}{20}$	$\frac{1}{16}$	0	0
2	$\frac{1}{20}$	$\frac{1}{16}$	$\frac{1}{12}$	0
3	$\frac{1}{20}$	$\frac{1}{16}$	$\frac{1}{12}$	$\frac{1}{8}$
4	$\frac{1}{20}$	$\frac{1}{16}$	$\frac{1}{12}$	$\frac{1}{8}$

例 2 设二维离散型随机变量 (X, Y) 的联合分布律为：

X\Y	1	2	3
1	a	$\frac{1}{16}$	0
2	0	$\frac{1}{4}$	$\frac{1}{16}$
3	0	0	$\frac{1}{16}$
4	$\frac{1}{16}$	$\frac{1}{4}$	0

求：(1) a 的值；(2) $P\left\{\frac{1}{2} < X < \frac{5}{2}, 3 \leqslant Y \leqslant 4\right\}$.

解 (1) 根据 $\sum_{i=1}^{3}\sum_{j=1}^{4} P_{ij} = 1$，则 $a = \frac{1}{4}$.

(2) 若 $\frac{1}{2} < X < \frac{5}{2}$，则 X 可取值为 1, 2；

若 $3 \leqslant Y \leqslant 4$，则 Y 可取值为 3, 4.

$P\left\{\frac{1}{2} < X < \frac{5}{2}, 3 \leqslant Y \leqslant 4\right\}$
$= P\{(X=1, Y=3) \cup (X=1, Y=4) \cup (X=2, Y=3) \cup (X=2, Y=4)\}$
$= P\{X=1, Y=3\} + P\{X=1, Y=4\} + P\{X=2, Y=3\} + P\{X=2, Y=4\}$
$= \frac{1}{16} + \frac{1}{4} = \frac{5}{16}$.

二、二维离散型随机变量的边缘分布

定义 3 在二维随机变量 (X, Y) 中，若 (X, Y) 的联合分布由式(3.1)给出，若只考虑分量 X（或 Y）的分布律，则

$$P\{X = x_i\} = \sum_{j} P\{X = x_i, Y = y_j\} = \sum_{j} p_{ij} \ (i = 1, 2, \cdots), \quad (3.2)$$

$$P\{Y = y_j\} = \sum_i P\{X = x_i, Y = y_j\} = \sum_i p_{ij} \ (j = 1, 2, \cdots). \quad (3.3)$$

记 $P_{i\cdot} = P\{X = x_i\}$，$P_{\cdot j} = P\{Y = y_j\}$，分别称为 (X, Y) 关于 X 与 Y 的边缘分布律．关于 X 的边缘分布律可表示为：

X	x_1	x_2	$\cdots$	x_i	$\cdots$
$P_{i\cdot}$	$P_{1\cdot}$	$P_{2\cdot}$	$\cdots$	$P_{i\cdot}$	$\cdots$

关于 Y 的边缘分布律可表示为：

Y	y_1	y_2	$\cdots$	y_j	$\cdots$
$P_{\cdot j}$	$P_{\cdot 1}$	$P_{\cdot 2}$	$\cdots$	$P_{\cdot j}$	$\cdots$

例 3 考虑例 2 中 (X, Y) 关于 X 与 Y 的边缘分布律．

解 根据例 2 中 (X, Y) 的联合分布表格，由边缘分布定义可得

X	1	2	3
$P_{i\cdot}$	$\frac{5}{16}$	$\frac{9}{16}$	$\frac{1}{8}$

Y	1	2	3	4
$P_{\cdot j}$	$\frac{5}{16}$	$\frac{5}{16}$	$\frac{1}{16}$	$\frac{5}{16}$

习题 3.1

1. 一箱子装有 3 个橘子，2 个苹果，3 个桃子．今从箱中随机抽取四个水果，若 X 为橘子数，Y 为苹果数，求 (X, Y) 的联合分布律．
2. 随机变量 (X, Y) 的分布如下，写出其边缘分布律：

Y \ X	0	1	2	3	$P_{\cdot j}$
1	0	$\frac{3}{8}$	$\frac{3}{8}$	0	
3	$\frac{1}{8}$	0	0	$\frac{1}{8}$	
$P_{i\cdot}$					

§3.2 二维连续型随机变量

一、二维随机变量的分布函数

定义 1 设 (X, Y) 是二维随机变量，对任意实数 x, y，二元函数

$F(x, y) = P\{X \leqslant x, Y \leqslant y\} = P\{(X \leqslant x) \cap (Y \leqslant y)\}$ 称为二维随机变量 (X, Y) 的联合分布函数(简称 (X, Y) 的分布函数).

二、(X, Y) 的分布函数的性质

(1) 如果将 (X, Y) 视为平面上随机点的坐标,则 $F(x, y)$ 在点 (x, y) 处的函数值即为点 (x, y) 落入图 3-3 中阴影部分的概率,故 $0 \leqslant F(X, Y) \leqslant 1$. 并且

$$F(-\infty, y) = \lim_{x \to -\infty} F(x, y) = 0,$$

$$F(x, -\infty) = \lim_{y \to -\infty} F(x, y) = 0,$$

$$F(-\infty, -\infty) = \lim_{\substack{x \to -\infty \\ y \to -\infty}} F(x, y) = 0,$$

$$F(+\infty, +\infty) = \lim_{\substack{x \to +\infty \\ y \to +\infty}} F(x, y) = 1.$$

(2) 如果 (X, Y) 落入图 3-4 矩形域 $\{x_1 \leqslant X \leqslant x_2, y_1 \leqslant Y \leqslant y_2\}$,则

$$P\{x_1 < X \leqslant x_2, y_1 < Y \leqslant y_2\} = F(x_2, y_2) - F(x_2, y_1) - F(x_1, y_2) + F(x_1, y_1)$$

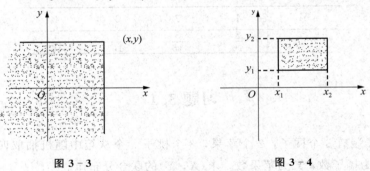

图 3-3   图 3-4

(3) $F(x, y)$ 关于 x 或 y 均为单调非减函数,即对固定的 y,若 $x_1 < x_2$,则 $F(x_1, y) \leqslant F(x_2, y)$;对固定的 x,若 $y_1 < y_2$,则 $F(x, y_1) \leqslant F(x, y_2)$.

(4) $F(x, y)$ 关于 x 或 y 均为右连续,即

$$F(x+0, y) = F(x, y), \quad F(x, y+0) = F(x, y).$$

三、二维连续型随机变量的密度函数

定义 2 设 (X, Y) 为二维随机变量,若存在一个非负可积二元函数 $f(x, y)$,使得对任意实数 x, y,其分布函数 $F(x, y) = \int_{-\infty}^{x} \int_{-\infty}^{y} f(u, v) \mathrm{d}u \mathrm{d}v$,则称 (X, Y) 是二维连续型随机变量,$f(x, y)$ 称为 (X, Y) 的概率密度函数(简称密度函数).

根据定义可知:

(1) $f(x, y) \geqslant 0$;

(2) $\int_{-\infty}^{+\infty}\int_{-\infty}^{+\infty} f(x,y)\mathrm{d}x\mathrm{d}y = F(+\infty, +\infty) = 1.$

四、二维连续型随机变量的边缘分布函数和边缘密度函数

对于二维连续型随机变量(X, Y)，若只考虑一个随机变量X(或Y)，其分布函数称为(X, Y)关于X(或Y)的边缘分布函数.

$$F_X(x) = P\{X \leqslant x\} = P\{X \leqslant x, Y \leqslant +\infty\} = F(x, +\infty),$$
$$F_Y(y) = P\{Y \leqslant y\} = P\{X \leqslant +\infty, Y \leqslant y\} = F(+\infty, y).$$

显然，边缘分布函数与联合分布函数有如下关系：

若在(X, Y)的联合分布函数$F(x, y)$中，令$x \to +\infty$(或$y \to +\infty$)即可得到(X, Y)关于X或Y的边缘分布函数$F_Y(y)$(或$F_X(x)$)，这表明由联合分布函数可以求得边缘分布函数，即

$$F_X(x) = F(x, +\infty) = \int_{-\infty}^{x}\int_{-\infty}^{+\infty} f(s,t)\mathrm{d}s\mathrm{d}t = \int_{-\infty}^{x}\left[\int_{-\infty}^{+\infty} f(s,t)\mathrm{d}t\right]\mathrm{d}s.$$

上式表明，X是连续型随机变量，其密度函数为$f_X(x) = \int_{-\infty}^{+\infty} f(x,y)\mathrm{d}y.$

同理，Y是连续型随机变量，其密度函数为$f_Y(y) = \int_{-\infty}^{+\infty} f(x,y)\mathrm{d}x.$

$f_X(x)$(或$f_Y(y)$)分别称为(X, Y)关于X(或Y)的边缘密度函数.

例1 设(X, Y)的概率密度为$f(x,y) = \begin{cases} 2cy(1+x), & 0 \leqslant x \leqslant 1, 0 \leqslant y \leqslant x, \\ 0, & \text{其他}, \end{cases}$

求：(1) c的值；

(2) 两个边缘密度函数$f_X(x)$, $f_Y(y)$.

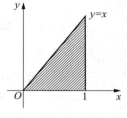

图 3-5

解 (1) 由$\int_{-\infty}^{+\infty}\int_{-\infty}^{+\infty} f(x,y)\mathrm{d}x\mathrm{d}y = 1$确定$c$，如图3-5所示.

$\int_0^1\left[\int_0^x 2cy(1+x)\mathrm{d}y\right]\mathrm{d}x = c\int_0^1 x^2(1+x)\mathrm{d}x = \frac{7}{12}c = 1,$

故$c = \frac{12}{7}$.

(2) $f_X(x) = \int_0^x \frac{24}{7}y(1+x)\mathrm{d}y = \frac{24}{7}(1+x) \cdot \frac{1}{2}x^2$

$\quad\quad = \frac{12}{7}x^2(1+x) \quad (0 \leqslant x \leqslant 1),$

$f_Y(y) = \int_y^1 \frac{24}{7}y(1+x)\mathrm{d}x$

$\quad\quad = \frac{24}{7}y\left[\left(x + \frac{1}{2}x^2\right)\bigg|_y^1\right]$

$\quad\quad = \frac{24}{7}y\left(\frac{3}{2} - y - \frac{1}{2}y^2\right) \quad (0 \leqslant y \leqslant 1),$

即
$$f_X(x)=\begin{cases}\dfrac{12}{7}x^2(1+x),&0\leqslant x\leqslant 1,\\0,&\text{其他},\end{cases}$$

$$f_Y(y)=\begin{cases}\dfrac{24}{7}y\left(\dfrac{3}{2}-y-\dfrac{1}{2}y^2\right),&0\leqslant y\leqslant 1,\\0,&\text{其他}.\end{cases}$$

例 2 设 G 是平面上的有界区域,其面积为 S,若二维随机变量 (X,Y) 具有的密度函数:

$$f(x,y)=\begin{cases}\dfrac{1}{S},&(x,y)\in G,\\0,&\text{其他},\end{cases}$$

则称 (X,Y) 在 G 上服从二维均匀分布. 如图 3-6 所示,若 G 为矩形区域 $a\leqslant x\leqslant b$,$c\leqslant x\leqslant d$,试求 (X,Y) 的两个边缘密度函数.

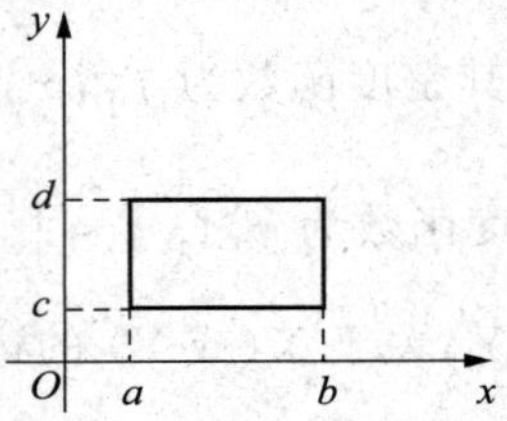

图 3-6

解 $f(x,y)=\begin{cases}\dfrac{1}{(b-a)(d-c)},&(x,y)\in G,\\0,&\text{其他},\end{cases}$

则 $f_X(x)=\displaystyle\int_{-\infty}^{+\infty}f(x,y)\mathrm{d}y=\int_c^d\dfrac{1}{(b-a)(d-c)}\mathrm{d}y=\dfrac{1}{b-a}$,

故 $f_X(x)=\begin{cases}\dfrac{1}{b-a},&a\leqslant x\leqslant b,\\0,&\text{其他},\end{cases}$

$f_Y(y)=\displaystyle\int_{-\infty}^{+\infty}f(x,y)\mathrm{d}x=\int_a^b\dfrac{1}{(b-a)(d-c)}\mathrm{d}x=\dfrac{1}{d-c}$,

故 $f_Y(y)=\begin{cases}\dfrac{1}{d-c},&c\leqslant y\leqslant d,\\0,&\text{其他}.\end{cases}$

例 3 已知 (X,Y) 的密度函数为 $f(x,y)=\begin{cases}12\mathrm{e}^{-(3x+4y)},&x>0,y>0,\\0,&\text{其他},\end{cases}$

试求:(1)分布函数 $F(x,y)$;

(2)$P\{0<X\leqslant 1,0\leqslant Y\leqslant 2\}$.

解 (1)根据分布函数定义

$$F(x,y) = \int_{-\infty}^{y}\int_{-\infty}^{x} f(u,v)\mathrm{d}u\mathrm{d}v = \begin{cases} \int_0^x \mathrm{d}u \int_0^y 12\mathrm{e}^{-(3u+4v)}\mathrm{d}v, & x>0, y>0, \\ 0, & \text{其他}, \end{cases}$$

计算、整理可得

$$F(x,y) = \begin{cases} (1-\mathrm{e}^{-3x})(1-\mathrm{e}^{-4y}), & x>0, y>0, \\ 0, & \text{其他}. \end{cases}$$

(2) $P\{0<X\leqslant 1, 0\leqslant Y\leqslant 2\} = F(1,2)+F(0,0)-F(0,2)-F(1,0)$
$= (1-\mathrm{e}^{-3})(1-\mathrm{e}^{-8})$.

习题 3.2

1. 设二维随机变量 (X,Y),其分布函数为 $F(x,y)$,则 $F(x,+\infty)=(\qquad)$.
   A. 0 　　　　B. $F_X(x)$ 　　　　C. $F_Y(y)$ 　　　　D. 1
2. 随机点 (X,Y) 落在矩形域 $(x_1<x\leqslant x_2, y_1<y\leqslant y_2)$ 的概率为 _____.
3. (X,Y) 的分布函数为 $F(x,y)$,则 $F(-\infty,y)=$ _____.
4. (X,Y) 的分布函数为 $F(x,y)$,则 $F(x+0,y)=$ _____.
5. (X,Y) 的分布函数为 $F(x,y)$,则 $F(x,+\infty)=$ _____.
6. 设二维随机变量 (X,Y) 的密度函数为

$$f(x,y) = \begin{cases} cxy, & 0\leqslant x\leqslant 1, 0\leqslant y\leqslant 1, \\ 0, & \text{其他}, \end{cases}$$

(1) 确定常数 c;
(2) 求 $P\{X+Y\leqslant 1\}$;
(3) 求 X 的边缘密度函数.

§3.3　二维随机变量的独立性

一般情况下,随机变量 X 与 Y 之间存在着某种联系,因而,一个随机变量的取值可能会影响到另一个随机变量取值. 那么,在何种情况下,随机变量 X 与 Y 之间没有任何影响,即所谓的相互"独立",为此本节引出两个随机变量相互独立的概念.

定义　设二维随机变量 (X,Y) 的联合分布函数及边缘分布函数分别为 $F(x,y)$, $F_X(x)$, $F_Y(y)$,若对任意实数有

$$P\{X\leqslant x, Y\leqslant y\} = P\{X\leqslant x\}P\{Y\leqslant y\}, \quad (3.4)$$

即

$$F(x,y) = F_X(x)F_Y(y), \quad (3.5)$$

则称随机变量 X,Y 相互独立.

注:(1) 若 (X,Y) 为离散型随机变量,则 X,Y 相互独立的条件(3.5)等价于:对于

(X, Y) 所有可能取值 (x_i, y_j) 有
$$P\{X=x_i, Y=y_j\} = P\{X=x_i\}P\{Y=y_j\},$$
即
$$p_{ij} = P_i \cdot P_{\cdot j} \quad (i, j=1, 2, \cdots).$$

（2）若 (X, Y) 为连续型随机变量，并设 $f(x, y)$ 和 $f_X(x)$，$f_Y(y)$ 分别为 (X, Y) 的概率密度函数和关于 X, Y 的边缘密度函数，则 X, Y 相互独立的条件(3.5)等价于等式 $f(x, y) = f_X(x) \cdot f_Y(y)$ 几乎处处成立。这里"几乎处处"的含义是：在平面上除去面积为零的集合．

例1 已知 (X, Y) 的联合分布律为：

X \ Y	y_1	y_2	y_3
x_1	$\frac{1}{24}$	$\frac{1}{8}$	$\frac{1}{12}$
x_2	$\frac{1}{8}$	$\frac{3}{8}$	$\frac{1}{4}$

（1）求 X, Y 的边缘分布；

（2）判断 X 与 Y 是否独立．

解 （1）根据边缘分布定义容易得

$$P\{X=x_1\} = \frac{1}{4}, \ P\{X=x_2\} = \frac{3}{4};$$

$$P\{Y=y_1\} = \frac{1}{6}, \ P\{Y=y_2\} = \frac{1}{2}, \ P\{Y=y_3\} = \frac{1}{3}.$$

（2）根据题中表格，

$$P\{X=x_1, Y=y_1\} = \frac{1}{24} = \frac{1}{4} \times \frac{1}{6} = P\{X=x_1\}P\{Y=y_1\},$$

$$P\{X=x_1, Y=y_2\} = \frac{1}{8} = \frac{1}{4} \times \frac{1}{2} = P\{X=x_1\}P\{Y=y_2\},$$

$$P\{X=x_1, Y=y_3\} = \frac{1}{12} = \frac{1}{4} \times \frac{1}{3} = P\{X=x_1\}P\{Y=y_3\},$$

$$P\{X=x_2, Y=y_1\} = \frac{1}{8} = \frac{3}{4} \times \frac{1}{6} = P\{X=x_2\}P\{Y=y_1\},$$

$$P\{X=x_2, Y=y_2\} = \frac{3}{8} = \frac{3}{4} \times \frac{1}{2} = P\{X=x_2\}P\{Y=y_2\},$$

$$P\{X=x_2, Y=y_3\} = \frac{1}{4} = \frac{3}{4} \times \frac{1}{3} = P\{X=x_2\}P\{Y=y_3\},$$

故 X, Y 相互独立．

例2 设 (X, Y) 的联合概率分布为：

X \ Y	-1	0	2
0	0.1	0.15	0.05
1	0.3	0.05	0.1
2	0.1	0.05	0.1

判断 X 与 Y 是否相互独立?

解 因为 $P\{X=0\}=0.1+0.15+0.05=0.3$,

$P\{Y=-1\}=0.1+0.3+0.1=0.5$,

$P\{X=0, Y=-1\}=0.1$,

可见 $P\{X=0, Y=-1\}=0.1 \neq P\{X=0\} \cdot P\{Y=-1\}$,所以 X 与 Y 不独立.

例3 设 (X, Y) 的密度函数为

$$f(x, y)=\begin{cases} -y\mathrm{e}^{x+y}, & x<0, y<0, \\ 0, & \text{其他}, \end{cases}$$

问 X 与 Y 是否相互独立?

解 当 $x<0$ 时,$f_X(x)=\int_{-\infty}^{0}(-y\mathrm{e}^{x+y})\mathrm{d}y=\mathrm{e}^x$;

当 $y<0$ 时,$f_Y(y)=\int_{-\infty}^{0}(-y\mathrm{e}^{x+y})\mathrm{d}x=-y\mathrm{e}^y$,

即 $f_X(x)=\begin{cases} \mathrm{e}^x, & x<0, \\ 0, & \text{其他}, \end{cases}$ $f_Y(y)=\begin{cases} -y\mathrm{e}^y, & y<0, \\ 0, & \text{其他}. \end{cases}$

对一切 x, y 均有 $f(x, y)=f_X(x)f_Y(y)$,故 X, Y 相互独立.

例4 设 (X, Y) 的联合密度函数为

$$f(x, y)=\begin{cases} x\mathrm{e}^{-x(y+1)}, & x>0, y>0 \\ 0, & \text{其他}, \end{cases}$$

问 X 与 Y 是否相互独立?

解 当 $y>0$ 时,$f_X(x)=\int_{0}^{+\infty}x\mathrm{e}^{-x(y+1)}\mathrm{d}y=\mathrm{e}^{-x}$;

当 $x>0$ 时,$f_Y(y)=\int_{0}^{+\infty}x\mathrm{e}^{-x(y+1)}\mathrm{d}x=-\dfrac{1}{(y+1)^2}$,

故 $f_X(x)=\begin{cases} \mathrm{e}^{-x}, & x>0, \\ 0, & \text{其他}, \end{cases}$ $f_Y(y)=\begin{cases} -\dfrac{1}{(y+1)^2}, & x, y>0, \\ 0, & \text{其他}. \end{cases}$

$f(x, y) \neq f_X(x)f_Y(y)$,故 X, Y 不相互独立.

习题 3.3

1. 若二维随机变量 (X, Y) 的分布律为

X \ Y	1	2	3
1	$\dfrac{1}{6}$	$\dfrac{1}{9}$	$\dfrac{1}{18}$
2	$\dfrac{1}{3}$	α	β

X 和 Y 独立，则 $\alpha=$ _____，$\beta=$ _____．

2. 如果随机变量 (X, Y) 的联合概率分布律为：

X\Y	1	2	3
1	$\frac{1}{18}$	$\frac{1}{9}$	$\frac{1}{6}$
2	$\frac{1}{9}$	α	β

则 α, β 应满足的条件是 _____；X 和 Y 独立，则 $\alpha=$ _____，$\beta=$ _____．

3. 设二维随机变量 (X, Y) 的密度函数为

$$f(x, y) = \begin{cases} 4xye^{-(x^2+y^2)}, & x>0, y>0, \\ 0, & 其他, \end{cases}$$

(1) 分别求出 X，Y 的边缘密度函数；

(2) 判断 X，Y 是否相互独立．

§3.4 随机变量函数的分布

§2.5 已经讨论了一个随机变量函数的分布，现在我们进一步讨论：当随机变量 (X, Y) 的联合分布已知时，如何求出它们的函数 $Z=g(X, Y)$ 的分布．本节只讨论两个具体的函数．

一、$Z=X+Y$ 的分布

设 (X, Y) 为二维连续型随机变量，它的联合密度函数为 $f(x, y)$，则 $Z=X+Y$ 仍然为连续型随机变量，密度函数为

$$f_Z(z) = \int_{-\infty}^{\infty} f_X(z-y, y) dy, \tag{3.6}$$

或者

$$f_Z(z) = \int_{-\infty}^{\infty} f_X(x, z-x) dx. \tag{3.7}$$

注：若 X, Y 相互独立，设 (X, Y) 关于 X，Y 的边缘密度函数分别为 $f_X(x)$，$f_Y(y)$，则式(3.6)、式(3.7)分别化为

$$f_Z(z) = \int_{-\infty}^{\infty} f_X(z-y) f_Y(y) dy \tag{3.8}$$

$$f_Z(z) = \int_{-\infty}^{\infty} f_X(x) f_Y(z-x) dx \tag{3.9}$$

这两个公式称为卷积公式．

例1 A, B 城市一个月对食盐的需求量为一个随机变量，其密度函数分别设为

§3.4 随机变量函数的分布

$$f_X(x)=\begin{cases}x\mathrm{e}^{-x}, & x>0,\\ 0, & x\leqslant 0,\end{cases} \quad f_Y(y)=\begin{cases}y\mathrm{e}^{-y}, & y>0,\\ 0, & y\leqslant 0.\end{cases}$$ 如果 B 城市与 A 城市的需求量相互独立, 求 A, B 两个城市一个月对食盐需求量的密度函数.

解 用随机变量 X, Y 分别表示 A, B 城市对食盐一个月的需求量, 则

X 的密度函数为 $f_X(x)=\begin{cases}x\mathrm{e}^{-x} & x>0,\\ 0 & x\leqslant 0,\end{cases}$

Y 的密度函数为 $f_Y(y)=\begin{cases}y\mathrm{e}^{-y}, & y>0,\\ 0, & y\leqslant 0.\end{cases}$

从而, A, B 两城市对食盐一个月的需求量 $Z=X+Y$, 则 Z 的分布函数

$$F_Z(z)=P\{Z\leqslant z\}=P\{X+Y\leqslant z\}$$
$$=\iint\limits_{x+y\leqslant z}f(x,y)\mathrm{d}x\mathrm{d}y=\iint\limits_{x+y\leqslant z}f_X(x)f_Y(y)\mathrm{d}x\mathrm{d}y$$

当 $z\leqslant 0$ 时, 显然 $F_Z(z)=0$;

当 $z>0$ 时, 如图 3-7 所示, 我们有

$$F_Z(z)=\iint\limits_D\mathrm{e}^{-x}\mathrm{e}^{-y}\mathrm{d}x\mathrm{d}y=\int_D^Z\mathrm{e}^{-x}\left(\int_D^{Z-x}\mathrm{e}^{-y}\mathrm{d}y\right)\mathrm{d}x$$
$$=\int_D^Z\mathrm{e}^{-x}(1-\mathrm{e}^{-(z-x)})\mathrm{d}x=\int_D^Z(\mathrm{e}^{-x}-\mathrm{e}^{-z})\mathrm{d}x$$
$$=1-\mathrm{e}^{-z}-z\mathrm{e}^{-z},$$

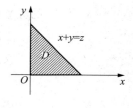

图 3-7

所以, Z 的分布函数 $F_Z(z)=\begin{cases}1-\mathrm{e}^{-z}-z\mathrm{e}^{-z}, & z>0,\\ 0, & z\leqslant 0.\end{cases}$

对 Z 求导数, 即得 Z 的密度函数 $f_Z(z)=\begin{cases}z\mathrm{e}^{-z}, & z>0,\\ 0, & z\leqslant 0.\end{cases}$

特别地, 若 X 与 Y 相互独立, 且具有相同的标准正态分布 $N(0,1)$, 则 $Z=X+Y$ 服从正态分布 $N(0,2)$, 此结论可以推广到一般正态分布的 n 个独立随机变量之和的情形, 即有限个独立正态变量的线性组合仍然服从正态分布.

二、$M=\max\{X, Y\}$ 及 $N=\min\{X, Y\}$ 的分布

设 X, Y 是两个相互独立的随机变量, 它们的分布函数分别为 $F_X(x)$, $F_Y(y)$, 我们来求 $M=\max\{X, Y\}$ 及 $M=\min\{X, Y\}$ 的分布函数.
由于 $M=\max\{X, Y\}$ 不大于 z 等价于 X 和 Y 都不大于 z, 故有

$$F_M(z)=P\{M\leqslant z\}=P\{X\leqslant z, Y\leqslant z\}.$$

又由于 X 和 Y 相互独立, 于是得到 $M=\max(X, Y)$ 的分布函数为

$$F_M(z)=P\{X\leqslant z\}P\{Y\leqslant z\},$$

即有
$$F_M(z)=F_X(z)F_Y(z). \tag{3.10}$$

类似地，可得 $N=\min\{X,Y\}$ 的分布函数为
$$F_N(z)=P\{N\leqslant z\}=1-P\{N>z\}=1-P\{X>z,Y>z\}$$
$$=1-P\{X>z\}P\{Y>z\}=1-[1-F_X(z)][1-F_Y(z)].$$
即
$$F_N(z)=1-[1-F_X(z)][1-F_Y(z)]. \tag{3.11}$$

特别地，当 $X_1,\cdots,X_n$ 相互独立，且具有相同分布函数 $F(x)$ 时，有
$$F_M(z)=[F(z)]^n, \tag{3.12}$$
$$F_N(z)=1-[1-F(z)]^n. \tag{3.13}$$

例 2 设随机变量 X 与 Y 相互独立，分布函数分别为 $F_X(x)$ 与 $F_Y(y)$，求它们的最大值 $Z=\max\{X,Y\}$ 及最小值 $W=\min\{X,Y\}$ 的分布函数.

解 对于任意的实数 z，$Z=\max\{X,Y\}$ 的分布函数 $F_Z(z)=P\{\max\{X,Y\}\leqslant z\}$.

因为事件 $\max\{X,Y\}\leqslant z$ 与事件 $X\leqslant z$ 且 $Y\leqslant z$ 等价，并注意到 X 与 Y 的独立性，所以有
$$F_Z(z)=P\{X\leqslant z,Y\leqslant z\}=P\{X\leqslant z\}P\{Y\leqslant z\}=F_X(z)F_Y(z).$$

又对于任意的实数 w，我们有 $\min\{X,Y\}$ 的分布函数
$$F_w(w)=P\{\min\{X,Y\}\leqslant w\}=1-P\{\min\{X,Y\}>w\}$$

因为事件 $\min\{X,Y\}>w$ 与事件 $X>w$ 且 $Y>w$ 等价，所以有
$$F_w(w)=1-P\{X>w,Y>w\}=1-P\{X>w\}P\{Y>w\}$$
$$=1-[1-P\{X\leqslant w\}][1-P\{Y\leqslant w\}]$$
$$=1-[1-F_X(w)][1-F_Y(w)].$$

注：上述结论可推广到多个独立随机变量情形.

习题 3.4

1. 设 X，Y 相互独立，$X\sim N(0,1)$，$Y\sim N(0.1)$，则 (X,Y) 的联合密度函数 $f(x,y)=$ _____，$Z=X+Y$ 的密度函数 $f_Z(Z)=$ _____.

2. 设二维随机变量 (X,Y) 的联合密度函数为
$$f(x,y)=\begin{cases}A(1+y+xy), & 0<x<1,0<y<1,\\ 0, & \text{其他}.\end{cases}$$

(1) 确定常数 A；

(2) X 与 Y 是否相互独立，为什么？

(3) 求 $Z=X+Y$ 的密度函数.

本章小结

本章知识要点

二维随机变量及其分布函数　二维离散型随机变量　二维离散型随机变量的概率分布律　边缘分布律　二维连续型随机变量　二维连续型随机变量的密度函数　边缘分布函数　边缘密度函数　二维随机变量的相互独立

本章常用结论

1. 二维离散型随机变量(X, Y)的联合分布律为：

X \ Y	y_1	y_2	$\cdots$	y_i	$\cdots$
x_1	p_{11}	p_{21}	$\cdots$	p_{i1}	$\cdots$
x_2	p_{12}	p_{22}	$\cdots$	p_{i2}	$\cdots$
$\vdots$	$\vdots$	$\vdots$	$\cdots$	$\vdots$	$\cdots$
x_j	p_{1j}	p_{2j}	$\cdots$	p_{ij}	$\cdots$
$\vdots$	$\vdots$	$\vdots$	$\cdots$	$\vdots$	

2. 二维离散型随机变量联合分布律性质

(1) $p_{ij} \geqslant 0$；(2) $\sum\limits_{i=1}^{\infty} \sum\limits_{j=1}^{\infty} p_{ij} = 1$.

3. 二维连续型随机变量的密度函数性质

(1) $f(x, y) \geqslant 0$；

(2) $\int_{-\infty}^{+\infty} \int_{-\infty}^{+\infty} f(x, y) \mathrm{d}x \mathrm{d}y = F(+\infty, +\infty) = 1$.

4. (X, Y)的分布函数的性质

(1) $F(-\infty, y) = \lim\limits_{x \to -\infty} F(x, y) = 0$, $F(x, -\infty) = \lim\limits_{y \to -\infty} F(x, y) = 0$,

$F(-\infty, -\infty) = \lim\limits_{\substack{x \to -\infty \\ y \to -\infty}} F(x, y) = 0$, $F(+\infty, +\infty) = \lim\limits_{\substack{x \to +\infty \\ y \to +\infty}} F(x, y) = 1$.

(2) $P\{x_1 < X \leqslant x_2, y_1 < Y \leqslant y_2\} = F(x_2, y_2) - F(x_2, y_1) - F(x_1, y_2) + F(x_1, y_1)$.

(3) $F(x, y)$关于x或y均为单调非减函数。对固定的y，若$x_1 < x_2$，则$F(x_1, y) \leqslant F(x_2, y)$；对固定的$x$，若$y_1 < y_2$，则$F(x, y_1) \leqslant F(x, y_2)$.

(4) $F(x, y)$关于x或y均为右连续，即

$$F(x+0, y) = F(x, y), \quad F(x, y+0) = F(x, y).$$

5. 边缘分布函数

$$f_X(x) = \int_{-\infty}^{+\infty} f(x,y)\,\mathrm{d}y;$$

$$f_Y(y) = \int_{-\infty}^{+\infty} f(x,y)\,\mathrm{d}x.$$

6. 二维随机变量相互独立的判定方法

(1) $P\{X \leqslant x, Y \leqslant y\} = P\{X \leqslant x\}P\{Y \leqslant y\}$;

(2) $F(x, y) = F_X(x)F_Y(y).$

离散型：$P\{X=x_i, Y=y_j\} = P\{X=x_i\}P\{Y=y_j\}$;

连续型：$f(x, y) = f_X(x) \cdot f_Y(y)$ 几乎处处成立.

7. $Z = X + Y$ 的密度函数

(1) $f_Z(z) = \int_{-\infty}^{+\infty} f_X(z-y, y)\,\mathrm{d}y;$

(2) $f_Z(z) = \int_{-\infty}^{+\infty} f_X(x, z-x)\,\mathrm{d}x.$

8. 二维随机变量函数 $M = max\{X, Y\}$ 及 $N = min\{X, Y\}$ 的分布函数

(1) $F_M(z) = P(M \leqslant z) = P(X \leqslant z, Y \leqslant z);$

(2) $F_N(z) = 1 - (1 - F_X(z))(1 - F_Y(z)).$

总习题三

一、填空题

1. (X, Y) 的分布函数为 $F(x, y)$，则 $F(x+0, y) = $ _____．

2. (X, Y) 的分布函数为 $F(x, y)$，则 $F(x, +\infty) = $ _____．

3. 设随机变量 (X, Y) 的密度函数为
$$f(x, y) = \begin{cases} k(6-x-y), & 0<x<2, \ 2<y<4, \\ 0, & \text{其他}, \end{cases}$$
则 $k = $ _____．

4. 设 $f(x,y)$ 是 X,Y 的联合密度函数，$f_X(x)$ 是 X 的边缘密度函数，则 $\int_{-\infty}^{+\infty} f_X(x) = $ _____．

5. 二维正态随机变量 (X, Y)，X 和 Y 相互独立的充要条件是参数 $\rho = $ _____．

二、计算题

1. 袋中有三个球，分别标着数字 $1, 2, 3$，从袋中任取一球，不放回，再取一球，设第一次取的球上标的数字为 X，第二次取的球上标的数字 Y，求 (X, Y) 的联合分布．

2. 三封信随机地投入编号为 $1, 2, 3$ 的三个信箱中，设 X 为投入 1 号信箱的信数，Y 为投入 2 号信箱的信数，求 (X, Y) 的联合分布．

3. 设随机变量 (X, Y) 的密度函数为 $f(x, y) = \begin{cases} k e^{-(3x+4y)}, & x>0, \ y>0, \\ 0, & \text{其他}, \end{cases}$

   (1)确定常数 k；(2)求 (X, Y) 的分布函数；(3)求 $P\{0<X\leqslant 1, 0<Y\leqslant 2\}$．

4. 设随机变量 (X, Y) 的密度函数为
$$f(x, y) = \begin{cases} x^2 + \dfrac{xy}{3}, & 0\leqslant x\leqslant 1, \ 0\leqslant y\leqslant 2, \\ 0, & \text{其他}, \end{cases}$$
求 $P\{X+Y\geqslant 1\}$．

5. 设随机变量 (X, Y) 在矩形区域 $D = \{(x, y) \mid a<x<b, \ c<y<d\}$ 内服从均匀分布．

   (1)求联合密度函数及边缘密度函数；(2)问随机变量 X, Y 是否独立？

6. 设 X, Y 相互独立且分别具有下列表格所定的分布律：

X	-2	-1	0	$\dfrac{1}{2}$
P_k	$\dfrac{1}{4}$	$\dfrac{1}{3}$	$\dfrac{1}{12}$	$\dfrac{1}{3}$

Y	$-\dfrac{1}{2}$	1	3
P_k	$\dfrac{1}{2}$	$\dfrac{1}{4}$	$\dfrac{1}{4}$

试写出 (X, Y) 的联合分布律．

7. 设 X，Y 相互独立，且各自的分布如下：

Y	1	2
P_k	$\frac{1}{2}$	$\frac{1}{4}$

X	1	2
P_k	$\frac{1}{2}$	$\frac{1}{2}$

求 $Z=X+Y$ 的分布．

8. X，Y 相互独立，其分布密度函数各自为

$$f_X(x)=\begin{cases}\frac{1}{2}e^{\frac{1}{2}x}, & x\geqslant 0,\\ 0, & x<0,\end{cases} \qquad f_Y(y)=\begin{cases}\frac{1}{3}e^{\frac{1}{2}x}, & y\geqslant 0,\\ 0, & y<0,\end{cases}$$

求 $Z=X+Y$ 的密度函数．

第四章 随机变量的数字特征

前面我们已经学习了随机变量的分布函数、离散型随机变量的分布律和连续型随机变量的概率密度,它们其中的任何一个都可以完整地描述随机变量的统计规律性.但是在具体应用或理论推导中,求分布函数(分布律或概率密度)可能会比较困难.有时候我们只要掌握随机变量的某个数字特征,便可以揭示其取值规律.例如,想了解某城市的居民收入状况,居民收入就是一个随机变量,我们关心平均收入的同时,还应注意个人收入与平均收入的偏离程度,平均收入高,偏离程度小,则说明该城市的居民生活富裕;而如果平均收入高,偏离程度大,则说明该城市的贫富差距大,只是个别高收入情况提升了平均收入.这种体现随机变量某一方面特征的常数统称为数字特征.

本章将学习几个常用的数字特征:期望、方差、协方差、相关系数和矩.除此以外还有许多其他的有用的数字特征,如众数、中位数等,篇幅所限就不一一介绍了.

§4.1 数学期望及其性质

一、离散型随机变量的数学期望

引例 掷一次骰子,若掷出的点数与得分有如表 4-1 所示的关系,求掷了 n 次后的平均得分.

表 4-1

点数	得分	次数 n
1,2	x_1	n_1
3	x_2	n_2
4,5,6	x_3	n_3

设随机变量 X 表示掷一次的得分,则 X 的分布律为:

X	x_1	x_2	x_3
p	$\dfrac{2}{6}$	$\dfrac{1}{6}$	$\dfrac{3}{6}$

$$\text{平均得分} = \frac{\text{总分}}{\text{总次数}} = \frac{x_1 n_1 + x_2 n_2 + x_3 n_3}{n} = x_1 \frac{n_1}{n} + x_2 \frac{n_2}{n} + x_3 \frac{n_3}{n}.$$

这里 $\frac{n_i}{n}$ 是事件 $\{X = x_i\}$ ($i = 1, 2, 3$) 发生的频率. 前面在讲概率定义时, 我们提到过当试验次数增加时, 频率呈现出稳定性, 即接近事件 $\{X = x_i\}$ 发生的概率. 由此上式的算术平均可写成 $x_1 p_1 + x_2 p_2 + x_3 p_3$, 这就是我们说的数学期望.

定义 1 设离散型随机变量 X 的分布律为:

X	x_1	x_2	$\cdots$	x_n	$\cdots$
p	p_1	p_2	$\cdots$	p_n	$\cdots$

若级数 $\sum_{i=1}^{\infty} x_i p_i$ 绝对收敛, 则称其为 X 的数学期望(Expectation)或均值, 记为

$$E(X) = \sum_{i=1}^{\infty} x_i p_i,$$

在不引起混淆的情况下, 可简记为 EX.

由定义可以看出, X 的数学期望是 X 所有可能取值的一个加权平均, 每个取值 x_i 的权重就是事件 $\{X = x_i\}$ 发生的概率 p_i.

通过引例, 我们可以把期望理解为一个平均得分、平均收益、平均利润等.

例 1 某超市计划在 3 月 15 日举行一次促销活动, 根据以往经验, 如果在超市内搞促销, 可获利 3 万元; 在超市外露天促销, 如果不遇到雨天可获利 15 万元, 遇到雨天则会损失 5 万元. 若前一天的天气预报称当日有雨的概率为 40%, 则超市是否该举办露天促销活动?

解 超市如何决策是由收益来决定的. 室内促销收益固定, 而露天促销活动受天气的影响, 因此先要求出室外促销的平均收益.

设随机变量 X 为室外促销收益, 求平均收益即求 X 的数学期望. 首先 X 的分布律为:

X	-5	15
p	0.4	0.6

$$E(X) = (-5) \times 0.4 + 15 \times 0.6 = 7 (\text{万元})$$

由此, 室外促销平均收益高于室内, 所以应该举办露天促销活动.

定义 1 中要求级数 $\sum_{i=1}^{\infty} x_i p_i$ 绝对收敛, 是为了保证和式的值不随各项次序的改变而改变. 若级数不收敛, 则称 X 的期望不存在. 也就是说, 并非所有的随机变量都有数学期望.

§4.1 数学期望及其性质

例 2 甲乙两人射击比赛，所得分数分别记为 X 和 Y，分布律为：

X	0	1	2
p	0.2	0.3	0.5

Y	0	1	2
p	0.3	0.4	0.3

比较二人的射击水平．

解 $E(X) = 0 \times 0.2 + 1 \times 0.3 + 2 \times 0.5 = 1.3$；

$E(Y) = 0 \times 0.3 + 1 + 0.4 + 2 \times 0.3 = 1$. 故甲的成绩比较好．

例 3 设离散型随机变量 X 服从 $(0-1)$ 分布，求 $E(X)$．

解 X 的分布律为：

X	0	1
p	$1-p$	p

$$E(X) = 0 \times (1-p) + 1 \times p = p.$$

例 4 设离散型随机变量 $X \sim P(\lambda)$，求 $E(X)$．

解 泊松分布的分布律为 $P\{X=k\} = e^{-\lambda} \dfrac{\lambda^k}{k!}$ $(\lambda > 0; k = 0, 1, \cdots)$，

$$E(X) = \sum_{k=0}^{\infty} k e^{-\lambda} \frac{\lambda^k}{k!} = e^{-\lambda} \sum_{k=1}^{\infty} \frac{\lambda^k}{(k-1)!} = e^{-\lambda} \lambda \sum_{k=1}^{\infty} \frac{\lambda^{k-1}}{(k-1)!} = e^{-\lambda} \lambda e^{\lambda} = \lambda.$$

提示：由常用函数展开成幂级数知，$e^{\lambda} = 1 + \lambda + \dfrac{\lambda^2}{2!} + \cdots + \dfrac{\lambda^k}{k!} + \cdots = \sum\limits_{k=0}^{\infty} \dfrac{\lambda^k}{k!}$．

二、连续性随机变量的数学期望

连续型随机变量的数学期望可以通过离散化的方法得到．

设连续型随机变量 X，密度函数为 $f(x)$，如图 4-1 所示，将 X 的取值视为数轴上的密集点 $\cdots < x_0 < x_1 < x_2 < \cdots < x_n < \cdots$，则由离散型随机变量期望的计算方法和连续型随机变量的性质，可得

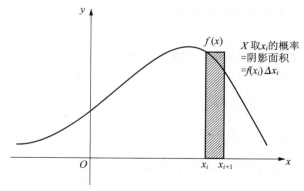

图 4-1

$$P\{X=x_i\}=P\{x_i\leqslant X<x_{i+1}\}=\int_{x_i}^{x_{i+1}}f(x)\mathrm{d}x\approx f(x_i)\Delta x_i.$$

由此得到 X 的"分布律":

X	$\cdots$	x_0	x_1	x_2	$\cdots$	x_n	$\cdots$
p	$\cdots$	$f(x_0)\Delta x_0$	$f(x_1)\Delta x_1$	$f(x_2)\Delta x_2$	$\cdots$	$f(x_n)\Delta x_n$	$\cdots$

$$E(X)=\sum_i x_i f(x_i)\Delta x_i=\int_{-\infty}^{+\infty}xf(x)\mathrm{d}x$$

即为连续型随机变量数学期望的定义.

定义 2 设连续型随机变量 X,其概率密度为 $f(x)$. 若 $\int_{-\infty}^{+\infty}xf(x)\mathrm{d}x$ 绝对收敛,则定义 X 的数学期望为

$$E(X)=\int_{-\infty}^{+\infty}xf(x)\mathrm{d}x.$$

例 5 设连续型随机变量 X,它的分布函数为

$$F(x)=\begin{cases}0, & x<0,\\ \dfrac{x^2}{2}, & 0\leqslant x<1,\\ -\dfrac{x^2}{2}+2x-1, & 1\leqslant x<2,\\ 1, & x\geqslant 2,\end{cases}$$

求 $E(X)$.

解 由分布函数得密度函数 $f(x)=\begin{cases}x, & 0\leqslant x\leqslant 1,\\ 2-x, & 1\leqslant x<2,\\ 0, & \text{其他},\end{cases}$ 则

$$E(X)=\int_{-\infty}^{+\infty}xf(x)\mathrm{d}x=\int_0^1 x\cdot x\mathrm{d}x+\int_1^2 x(2-x)\mathrm{d}x=1.$$

例 6 设连续型随机变量 $X\sim U(a,b)$,求 $E(X)$.

解 均匀分布的密度函数为 $f(x)=\begin{cases}\dfrac{1}{b-a}, & a<x<b,\\ 0, & \text{其他},\end{cases}$ 则

$$E(X)=\int_{-\infty}^{+\infty}xf(x)\mathrm{d}x=\int_a^b x\frac{1}{b-a}\mathrm{d}x=\frac{a+b}{2}.$$

例 7 设连续型随机变量 $X\sim e(\lambda)$,求 $E(X)$.

解 指数分布的密度函数为 $f(x)=\begin{cases}\lambda\mathrm{e}^{-\lambda x}, & x>0,\\ 0, & x\leqslant 0,\end{cases}$ 则

$$E(X)=\int_{-\infty}^{+\infty}xf(x)\mathrm{d}x=\int_0^{+\infty}x\lambda\mathrm{e}^{-\lambda x}\mathrm{d}x=-\int_0^{+\infty}x\mathrm{d}(\mathrm{e}^{-\lambda x})=\int_{+\infty}^0 x\mathrm{d}(\mathrm{e}^{-\lambda x})$$

$$= x\mathrm{e}^{-\lambda x}\Big|_{+\infty}^{0} - \int_{+\infty}^{0} \mathrm{e}^{-\lambda x}\mathrm{d}x = \frac{1}{\lambda}\int_{+\infty}^{0} \mathrm{e}^{-\lambda x}\mathrm{d}(-\lambda x) = \frac{1}{\lambda}\mathrm{e}^{-\lambda x}\Big|_{+\infty}^{0} = \frac{1}{\lambda}.$$

三、随机变量函数的数学期望

这里不加证明地引入随机变量函数数学期望的计算公式.

定理 1 设随机变量 X, $Y = g(X)$ 且 $E(Y)$ 存在，则

$$E(Y) = E[g(X)] = \begin{cases} \sum_{i=1}^{\infty} g(x_i) p_i, & \text{当 } X \text{ 为离散型}, \\ \int_{-\infty}^{+\infty} g(x) f(x) \mathrm{d}x, & \text{当 } X \text{ 为连续型}. \end{cases}$$

例 8 设随机变量 X 的分布律为

X	-1	1	3
p	0.5	0.3	0.2

，求 $Y = (X-1)^2$ 的数学期望.

解法一 由定理 1 得，$E(Y) = \sum_{i=1}^{3} g(x_i) p_i$
$= g(-1) \times 0.5 + g(1) \times 0.3 + g(3) \times 0.2$
$= 4 \times 0.5 + 0 \times 0.3 + 4 \times 0.2 = 2.8.$

解法二 先求 Y 的分布律得

Y	0	4
p	0.3	0.7

，再求得 $E(Y) = 4 \times 0.7 = 2.8$.

例 9 设随机变量 X 的密度函数为 $f(x) = \begin{cases} \mathrm{e}^{-x}, & x > 0, \\ 0, & x \leqslant 0, \end{cases}$ 求 $Y = \mathrm{e}^{-2X}$ 的数学期望.

解 由定理 1 得

$$E(Y) = \int_{-\infty}^{+\infty} g(x) f(x) \mathrm{d}x = \int_{0}^{+\infty} \mathrm{e}^{-2x} \cdot \mathrm{e}^{-x} \mathrm{d}x = -\frac{1}{3}\int_{0}^{+\infty} \mathrm{e}^{-3x} \mathrm{d}(-3x)$$
$$= -\frac{1}{3}\mathrm{e}^{-3x}\Big|_{0}^{+\infty} = \frac{1}{3}.$$

现将定理 1 推广到二维随机变量函数.

定理 2 设二维随机变量 (X, Y)，$Z = g(X, Y)$ 且 $E(Z)$ 存在，则

$$E(Z) = E[g(X, Y)] = \begin{cases} \sum_{i=1}^{\infty}\sum_{j=1}^{\infty} g(x_i, y_j) p_{ij}, & \text{当 } (X,Y) \text{ 为离散型}, \\ \int_{-\infty}^{+\infty}\int_{-\infty}^{+\infty} g(x, y) f(x, y) \mathrm{d}x \mathrm{d}y, & \text{当 } (X,Y) \text{ 为连续型}. \end{cases}$$

例 10 设二维离散型随机变量 (X, Y) 的联合分布律为：

X \ Y	0	1
0	$\frac{1}{2}$	$\frac{1}{8}$
1	$\frac{1}{8}$	$\frac{1}{4}$

$Z = g(X, Y) = X^2 Y$，求 $E(Z)$.

解
$$E(Z) = \sum_{i=1}^{2}\sum_{j=1}^{2} g(x_i, y_j) p_{ij}$$
$$= g(0,0)p_{11} + g(0,1)p_{12} + g(1,0)p_{21} + g(1,1)p_{22}$$
$$= g(1,1)p_{22} = 1^2 \times 1 \times \frac{1}{4} = \frac{1}{4}.$$

例 11 设二维连续型随机变量 (X, Y) 的联合概率密度为
$$f(x,y) = \begin{cases} x+y, & 0 \leqslant x \leqslant 1, 0 \leqslant y \leqslant 1, \\ 0, & \text{其他}. \end{cases}$$

求 $E(XY)$.

解 这里 $Z = g(X, Y) = XY$，则
$$E(XY) = \int_{-\infty}^{+\infty}\int_{-\infty}^{+\infty} xy f(x,y) \mathrm{d}x\mathrm{d}y = \int_0^1 \mathrm{d}x \int_0^1 xy(x+y)\mathrm{d}y$$
$$= \int_0^1 \left(x^2 \frac{y^2}{2} \Big|_0^1 + x \frac{y^3}{3} \Big|_0^1 \right) \mathrm{d}x = \frac{1}{3}.$$

四、数学期望的性质

性质 1 常数的数学期望等于它本身，即 $E(C) = C$.

性质 2 $E(CX) = CE(X)$，其中 C 为任意常数.

性质 3 两个随机变量和的期望等于期望的和，即
$$E(X_1 + X_2) = E(X_1) + E(X_2).$$

此性质可以推广到有限个随机变量和的情形：
$$E(X_1 + X_2 + \cdots + X_n) = E(X_1) + E(X_2) + \cdots + E(X_n) = \sum_{i=1}^{n} E(X_i).$$

性质 4 若随机变量 X 和 Y 相互独立，则
$$E(XY) = E(X)E(Y).$$

性质 4 也可以推广到有限个相互独立的随机变量乘积的情形：
设随机变量 $X_1, X_2, \cdots, X_n$ 相互独立，则
$$E(X_1 X_2 \cdots X_n) = E(X_1)E(X_2)\cdots E(X_n) = \prod_{i=1}^{n} E(X_i).$$

上述性质可以帮助简化计算,如要计算 $E(2X-3Y)$,利用性质可化简为 $2E(X)-3E(Y)$. 此外,利用性质 3,我们可以把一个比较复杂的随机变量 X 分解成若干个比较简单的随机变量之和,进而得到 X 的期望. 这是一种很重要的解题思想. 在 §4.2 我们将利用这种思想求解二项分布的期望和方差.

例 12 同时抛掷 5 颗质量分布均匀的骰子,求掷得点数之和的数学期望.

解 设 X 表示点数和,X_i 表示第 i 颗骰子掷出的点数,则 $X=X_1+X_2+\cdots+X_5$. X_i 的分布律为:

X_i	1	2	3	4	5	6
p	$\frac{1}{6}$	$\frac{1}{6}$	$\frac{1}{6}$	$\frac{1}{6}$	$\frac{1}{6}$	$\frac{1}{6}$

易则 $E(X_i)=\frac{7}{2}$,再由性质 3 得,$E(X)=E(X_1+\cdots+X_5)=5\times\frac{7}{2}=\frac{35}{2}$.

例 13 一辆校车载有 20 名学生,校车共有 10 个站点可以停车,如到达一个车站没有人下车就不停车,设 X 表示停车次数,求 $E(X)$.(设每个学生在各个站点下车是等可能的,且各个学生是否下车相互独立)

解 分解 X,引入随机变量 $X_i=\begin{cases}0,\text{第 }i\text{ 站无人下车,}\\1,\text{第 }i\text{ 站有人下车(停车 1 次)}\end{cases}$ $(i=1,2,\cdots,10)$.

易见 $X=X_1+X_2+\cdots+X_{10}$,且 X_i 既相互独立又服从 0—1 分布. 先求 X_i 的分布律.

事件 $\{X_i=0\}$ 表示第 i 站无人下车. 任意一个学生不在第 i 站下车的概率为 $\frac{9}{10}$;20 个学生都不在第 i 站下车的概率为 $\left(\frac{9}{10}\right)^{20}$. 它的对立事件 $\{X_i=1\}$,即第 i 站有人下车的概率为 $1-\left(\frac{9}{10}\right)^{20}$. X_i 的分布律为:

X_i	0	1
p	$\left(\frac{9}{10}\right)^{20}$	$1-\left(\frac{9}{10}\right)^{20}$

$$E(X_i)=1-\left(\frac{9}{10}\right)^{20},$$

$$E(X)=E(X_1+X_2+\cdots+X_{10})=10\times\left[1-\left(\frac{9}{10}\right)^{20}\right]=8.784.$$

习题 4.1

1. 在 5 个灯泡中混有 2 个坏的,现从中任取 3 个,设随机变量 X 为取到坏的灯泡的个数，求 X 的分布律及数学期望．

2. 已知离散型随机变量 X 的分布律为：

X	-1	1	2
p	a	0.5	0.3

求：(1)常数 a； (2) $P\left\{X>\dfrac{1}{2}\right\}$ 和 $P\left\{-1\leqslant X\leqslant\dfrac{3}{2}\right\}$； (3) $E(X)$．

3. 设离散型随机变量 X 的分布律为：

X	-1	0	2
p	0.2	0.3	0.5

求 $E(X)$，$E(-X+1)$，$E(X^2)$，$E(X^2-2)$．

4. 设随机变量 X，概率密度函数为 $f(x)=\begin{cases}kx^a, & 0<x<1,\\ 0, & \text{其他,}\end{cases}$ 其中 $k,a>0$，且 $E(X)=0.75$，求常数 k 和 a．

5. 某商店对某种家用电器的销售采用先使用后付款的方式．记使用寿命为 X （以年计），规定：

$$X\leqslant 1,\quad \text{一台付款 }1\,500\text{ 元；}$$
$$1<X\leqslant 2,\quad \text{一台付款 }2\,000\text{ 元；}$$
$$2<X\leqslant 3,\quad \text{一台付款 }2\,500\text{ 元；}$$
$$X>3,\quad \text{一台付款 }3\,000\text{ 元．}$$

设寿命 X 服从指数分布，概率密度函数为 $f(x)=\begin{cases}\dfrac{1}{10}e^{-x/10}, & x>0,\\ 0, & x\leqslant 0,\end{cases}$ 试求该类家用电器一台收费 Y 的数学期望．

6. 设随机变量 X 和 Y 相互独立，其概率密度函数分别为

$$f(x)=\begin{cases}2x, & 0<x<1,\\ 0, & \text{其他,}\end{cases}\quad f(y)=\begin{cases}e^{-(y-5)}, & y>5,\\ 0, & \text{其他,}\end{cases}$$

求 $E(XY)$．

7. 已知二维随机变量 (X,Y) 的联合分布律为：

Y \ X	0	1	2
1	0.1	0.2	0.1
2	0.3	0.1	0.2

求 $E(X)$．

8. 从 1~3 个数中任取一数,记为 X,再从 1~X 中任取一个数,记为 Y,求 $E(Y)$.
9. 设二维随机变量 (X,Y),联合概率密度函数为

$$f(x,y)=\begin{cases} xy, & 0<x<1, 0<y<2, \\ 0, & \text{其他}, \end{cases}$$

求 $E(X)$,$E(Y)$ 和 $E(XY+1)$.

§4.2 方差及其性质

甲、乙两家灯泡厂生产的灯泡寿命(单位:小时)X 和 Y 的分布律分别为:

X	900	1 000	1 100
p	0.1	0.8	0.1

Y	950	1 000	1 050
p	0.3	0.4	0.3

问哪家工厂生产的灯泡质量较好?

经计算甲、乙两厂生产灯泡的平均寿命均为 1 000 小时,但是从分布律看,乙厂的灯泡寿命较集中于 1 000 小时,故乙厂的灯泡质量较好. 由此我们看出,仅有数学期望是不够的,我们还要研究随机变量取值与其均值的偏离程度.

想考察随机变量 X 和它的数学期望 $E(X)$ 的偏离,则作差 $X-E(X)$. 这里 X 有取多少个值,就有多少个"偏差". 再对这些"偏差"求平均 $E[X-E(X)]$. 由于 $E[X-E(X)]=0$,故将其修正为 $E[|X-E(X)|]$ 或 $E\{[X-E(X)]^2\}$. 选择较容易计算的 $E\{[X-E(X)]^2\}$,来描述随机变量 X 与其均值 $E(X)$ 的偏离程度,即方差.

一、方差和标准差

定义 1 设随机变量 X,若 $E\{[X-E(X)]^2\}$ 存在,则称其为 X 的方差(Variance),记为

$$\text{Var}(X)=D(X)=E\{[X-E(X)]^2\}$$

在不引起混淆的情况下,可简记为 DX.

定义 2 $\sqrt{D(X)}$ 称为随机变量 X 的标准差(Standard Deviation),记为

$$\sigma(X)=\sqrt{D(X)}.$$

由定义看出,方差 $D(X)$ 是一个大于或等于 0 的数,这点计算时要注意. 方差和标准差都描述了随机变量 X 与其均值 $E(X)$ 的偏离程度. 当 $D(X)$ 较小,表明 X 的取值比较集中在均值附近(稳定),反之,$D(X)$ 越大表明 X 取值越分散(波动较大). 标准差与 X 具有相同的量纲,因此在实际中较为常用.

二、方差的计算

1. 定义法

由方差的定义,易得$[X-E(X)]^2$是一个随机变量函数,则

$$D(X) = \begin{cases} \sum_{i=1}^{\infty}(x_i-EX)^2 p_i, & \text{当 }X\text{ 为离散型,} \\ \int_{-\infty}^{+\infty}(x-EX)^2 f(x)\mathrm{d}x, & \text{当 }X\text{ 为连续型.} \end{cases}$$

2. 公式法

由方差定义及期望的性质,得

$$D(X)=E\{[X-E(X)]^2\}=E\{X^2-2X\cdot E(X)+[E(X)]^2\}$$
$$=E(X^2)-[E(X)]^2.$$

由此,简化公式为

$$D(X)=E(X^2)-[E(X)]^2.$$

将公式变形,即可得到一个常用的式子:$E(X^2)=D(X)+[E(X)]^2$.

利用§4.1给出的中常见分布的期望,本节求解常见分布的方差.

例 1 设随机变量 X 的分布律为:

X	-2	0	1	2
p	0.3	0.4	0.2	0.1

求 $D(X)$.

解 $E(X)=(-2)\times 0.3+1\times 0.2+2\times 0.1=-0.2$,

$E(X^2)=4\times 0.3+1\times 0.2+4\times 0.1=1.8$,

$D(X)=E(X^2)-[E(X)]^2=1.8-0.04=1.76.$

例 2 设离散型随机变量 X 服从 $(0-1)$ 分布,求 $D(X)$.

解 由 $E(X)=p$, $E(X^2)=0^2\times(1-p)+1^2\times p=p$,则

$D(X)=E(X^2)-[E(X)]^2=p(1-p)=pq$,记 $1-p=q$.

例 3 设离散型随机变量 $X\sim P(\lambda)$,求 $D(X)$.

解 由 §4.1 可知,$E(X)=\lambda$,则

$$E(X^2)=\sum_{k=0}^{\infty}k^2 \mathrm{e}^{-\lambda}\frac{\lambda^k}{k!}=\mathrm{e}^{-\lambda}\sum_{k=0}^{\infty}k^2\frac{\lambda^k}{k!}=\mathrm{e}^{-\lambda}\sum_{k=1}^{\infty}k\frac{\lambda^k}{(k-1)!}$$

$$=\mathrm{e}^{-\lambda}\sum_{k=1}^{\infty}[(k-1)+1]\frac{\lambda^k}{(k-1)!}$$

$$=\mathrm{e}^{-\lambda}\sum_{k=1}^{\infty}(k-1)\frac{\lambda^k}{(k-1)!}+\mathrm{e}^{-\lambda}\sum_{k=1}^{\infty}\frac{\lambda^k}{(k-1)!}$$

$$=\mathrm{e}^{-\lambda}\lambda^2\sum_{k=2}^{\infty}\frac{\lambda^{k-2}}{(k-2)!}+\mathrm{e}^{-\lambda}\lambda\sum_{k=1}^{\infty}\frac{\lambda^{k-1}}{(k-1)!}=\lambda^2+\lambda.$$

$$D(X) = E(X^2) - [E(X)]^2 = \lambda.$$

例 4 设连续型随机变量 $X \sim U(a, b)$，求 $D(X)$.

解 §4.1 已求得 $E(X) = \dfrac{a+b}{2}$，又

$$E(X^2) = \int_a^b x^2 \frac{1}{b-a} \mathrm{d}x = \frac{a^2 + ab + b^2}{3}, 故$$

$$D(X) = E(X^2) - [E(X)]^2 = \frac{(b-a)^2}{12}.$$

例 5 设连续型随机变量 $X \sim e(\lambda)$，求 $D(X)$.

解 已知 $E(X) = \dfrac{1}{\lambda}$，又 $E(X^2) = \int_{-\infty}^{+\infty} x^2 f(x) \mathrm{d}x = \lambda \int_0^{+\infty} x^2 \mathrm{e}^{-\lambda x} \mathrm{d}x = \dfrac{2}{\lambda^2}$，故

$$D(X) = E(X^2) - [E(X)]^2 = \frac{1}{\lambda^2}.$$

三、方差的性质

性质 1 常数的方差等于零，即 $D(C) = 0$.

性质 2 $D(CX) = C^2 D(X)$，其中 C 为任意常数.

性质 3 设随机变量 X 和 Y，则

$$D(X \pm Y) = D(X) + D(Y) \pm 2E\{[X - E(X)][Y - E(Y)]\}.$$

证明 由方差的计算分式得

$$\begin{aligned}
D(X \pm Y) &= E(X \pm Y)^2 - E^2(X \pm Y) \\
&= E(X^2 \pm 2XY + Y^2) - [E(X) \pm E(Y)]^2 \\
&= E(X^2) \pm 2E(XY) + E(Y^2) - \{[E(X)]^2 \pm 2E(X) \cdot E(Y) + [E(Y)]^2\} \\
&= \{E(X^2) - [E(X)]^2\} + \{E(Y^2) - [E(Y)]^2\} \pm \\
&\quad [2E(XY) - 2E(X)E(Y)] \\
&= D(X) + D(Y) \pm 2[E(XY) - E(X) \cdot E(Y)]
\end{aligned}$$

现只需证明 $E\{[X - E(X)][Y - E(Y)]\} = E(XY) - E(X) \cdot E(Y)$.

$$\begin{aligned}
E\{[X - E(X)][Y - E(Y)]\} &= E[XY - X \cdot E(Y) - Y \cdot E(X) + E(X) \cdot E(Y)] \\
&= E(XY) - E(X) \cdot E(Y).
\end{aligned}$$

性质 4 若随机变量 X 和 Y 相互独立，则

$$D(X \pm Y) = D(X) + D(Y).$$

证明 由随机变量独立和性质 3 的证明过程，易得

$$E\{[X - E(X)][Y - E(Y)]\} = 0.$$

由此可得有限个相互独立的随机变量和的方差：

设随机变量 $X_1, X_2, \cdots, X_n$ 相互独立，则

$$D(X_1+X_2+\cdots+X_n)=D(X_1)+D(X_2)+\cdots+D(X_n)=\sum_{i=1}^n D(X_i).$$

例 6 设离散型随机变量 $X\sim B(n,p)$，求 X 的数学期望和方差.

解 由二项分布的定义，X 为 n 次试验中事件 A 发生的次数，将 X 分解为 n 个随机变量 X_i，设

$$X_i=\begin{cases}0, & \text{第 }i\text{ 次试验中事件 }A\text{ 不发生},\\ 1, & \text{第 }i\text{ 次试验中事件 }A\text{ 发生},\end{cases} \quad i=1,2,\cdots,n,$$

则 $X=X_1+X_2+\cdots+X_n$，其中 X_i 服从 0—1 分布且相互独立，$E(X_i)=p$，$D(X_i)=pq$. 由期望与方差的性质可得

$$E(X)=E(X_1+X_2+\cdots+X_n)=E(X_1)+E(X_2)+\cdots+E(X_n)=np,$$
$$D(X)=D(X_1+X_2+\cdots+X_n)=D(X_1)+D(X_2)+\cdots+D(X_n)=npq.$$

例 7 设连续型随机变量 $X\sim N(\mu,\sigma^2)$，求 X 的数学期望和方差.

解 先求出标准正态分布的期望和方差. 设 $Y=\dfrac{X-\mu}{\sigma}\sim N(0,1)$.

标准正态分布的概率密度为 $\varphi(y)=\dfrac{1}{\sqrt{2\pi}}e^{-\frac{y^2}{2}}$，则

$$E(Y)=\int_{-\infty}^{+\infty}y\varphi(y)dy=\frac{1}{\sqrt{2\pi}}\int_{-\infty}^{+\infty}ye^{-\frac{y^2}{2}}dy$$

$$=\frac{-1}{\sqrt{2\pi}}\int_{-\infty}^{+\infty}e^{-\frac{y^2}{2}}d\left(-\frac{y^2}{2}\right)=\frac{1}{\sqrt{2\pi}}e^{-\frac{y^2}{2}}\Big|_{+\infty}^{-\infty}=0.$$

$$E(Y^2)=\int_{-\infty}^{+\infty}y^2\varphi(y)dy=\frac{1}{\sqrt{2\pi}}\int_{-\infty}^{+\infty}y^2e^{-\frac{y^2}{2}}dy$$

$$=\frac{-1}{\sqrt{2\pi}}\int_{-\infty}^{+\infty}yd\left(e^{-\frac{y^2}{2}}\right)=\frac{-1}{\sqrt{2\pi}}\left[ye^{-\frac{y^2}{2}}\Big|_{-\infty}^{+\infty}-\int_{-\infty}^{+\infty}e^{-\frac{y^2}{2}}dy\right]$$

$$=\frac{1}{\sqrt{2\pi}}\int_{-\infty}^{+\infty}e^{-\frac{y^2}{2}}dy=\Phi(+\infty)=1,$$

$$D(Y)=E(Y^2)-[E(Y)]^2=1.$$

又 $X=\sigma Y+\mu$，得正态分布的期望和方差：

$$E(X)=E(\sigma Y+\mu)=\sigma E(Y)+\mu=\mu,$$
$$D(X)=D(\sigma Y+\mu)=\sigma^2 D(Y)=\sigma^2.$$

最后，我们将常见分布的期望和方差做一个总结，下面的表 4-2 要求熟记.

表 4-2

分布	表示方法	分布律/概率密度函数	数学期望	方差
0-1 分布	$X \sim B(1, p)$	$P\{X=k\}=p^k q^{1-k}$, $k=0, 1$	p	pq
二项分布	$X \sim B(n, p)$	$P\{X=k\}=C_n^k p^k q^{n-k}$, $k=0, 1, \cdots, n$	np	npq
泊松分布	$X \sim P(\lambda)$	$P\{X=k\}=e^{-\lambda}\dfrac{\lambda^k}{k!}$, $\lambda>0, k=0, 1, \cdots$	λ	λ
均匀分布	$X \sim U(a, b)$	$f(x)=\begin{cases}\dfrac{1}{b-a}, & a<x<b, \\ 0, & 其他\end{cases}$	$\dfrac{a+b}{2}$	$\dfrac{(b-a)^2}{12}$
指数分布	$X \sim e(\lambda)$	$f(x)=\begin{cases}\lambda e^{-\lambda x}, & x>0, \\ 0, & x\leqslant 0\end{cases}$	$\dfrac{1}{\lambda}$	$\dfrac{1}{\lambda^2}$
标准正态分布	$X \sim N(0, 1)$	$\varphi(x)=\dfrac{1}{\sqrt{2\pi}}e^{-\frac{x^2}{2}}$	0	1
正态分布	$X \sim N(\mu, \sigma^2)$	$f(x)=\dfrac{1}{\sqrt{2\pi}\sigma}e^{-\frac{(x-\mu)^2}{2\sigma^2}}$	μ	σ^2

习题 4.2

1. 设离散型随机变量 $X \sim P(\lambda)$，且 $P\{X=1\}=P\{X=2\}$，求 $E(X)$，$D(X)$.

2. 设离散型随机变量 $X \sim B(n, p)$，且 $E(X)=8$，$D(X)=4.8$，求 n，p.

3. 已知随机变量 X 的分布律为 $P\{X=k\}=C_{1\,000}^{k}\left(\dfrac{1}{4}\right)^k\left(\dfrac{3}{4}\right)^{1\,000-k}$ ($k=0, 1, 2, \cdots, 1\,000$)，求 $E(X)$，$D(X)$.

4. 设随机变量 X 的分布律为：

X	-1	0	$\dfrac{1}{2}$	1	2
p	$\dfrac{1}{3}$	$\dfrac{1}{6}$	$\dfrac{1}{6}$	$\dfrac{1}{12}$	$\dfrac{1}{4}$

试求 X 的期望与方差.

5. 设连续随机变量 X 的概率密度函数 $f(x)=\begin{cases}1+x, & -1\leqslant x<0, \\ 1-x, & 0\leqslant x\leqslant 1, \\ 0, & 其他,\end{cases}$ 求 $E(X)$ 和 $D(X)$.

6. 设随机变量 X，概率密度函数 $f(x)=\begin{cases} ax^2+bx+c, & 0\leqslant x\leqslant 1,\\ 0, & \text{其他}, \end{cases}$ 且已知 $E(X)=0.5$，$D(X)=0.15$，求 a，b 和 c.

7. 设随机变量 X 的分布函数为 $F(x)=\begin{cases} 0, & x<0,\\ \dfrac{x}{4}, & 0\leqslant x\leqslant 4,\\ 1, & \text{其他} \end{cases}$，$E(X)$ 和 $D(X)$.

8. 设随机变量 X 的期望为 μ，方差为 σ^2，求 $Y=\dfrac{X-\mu}{\sigma}$ 的期望和方差.

§4.3　协方差、相关系数和矩

假设我们从身高和体重两方面考察 10 岁儿童的生长发育状况. 那么生活经验告诉我们，在身高和体重这两个随机变量之间，一定还存在着某种相互关系. 前面学过的期望和方差是单个随机变量的数字特征，而本节将要学习的协方差正是反映了两个随机变量之间相互关系的数字特征.

一、协方差及其计算公式

由 §4.2 性质 3 与性质 4 得，若 X 和 Y 相互独立，则
$$E\{[X-E(X)][Y-E(Y)]\}=0.$$
反之，若 $E\{[X-E(X)][Y-E(Y)]\}\neq 0$，则 X 和 Y 不是相互独立的，也就是存在某种相互关系. 我们就用这个期望值来度量 X 和 Y 之间的关系.

定义 1　设二维随机变量 (X,Y)，若 $E\{[X-E(X)][Y-E(Y)]\}$ 存在，则称其为 X 和 Y 的协方差(Covariance)，记为
$$\text{Cov}(X,Y)=E\{[X-E(X)][Y-E(Y)]\}.$$
由定义，容易推出协方差的下列性质：
(1) $\text{Cov}(X,Y)=\text{Cov}(Y,X)$.
(2) $\text{Cov}(X,X)=D(X)$.
(3) $D(X\pm Y)=D(X)+D(Y)\pm 2\text{Cov}(X,Y)$.
(4) 若 X 和 Y 相互独立，则 $\text{Cov}(X,Y)=0$.

协方差是一个二维随机变量函数的期望，因此可按期望的计算方法求得，但是比较复杂. 通常由数学期望的性质可得下列计算公式：
$$\text{Cov}(X,Y)=E\{[X-E(X)][Y-E(Y)]\}=E[XY-X\cdot E(Y)-Y\cdot E(X)+E(X)\cdot E(Y)]$$
$$=E(XY)-E(X)\cdot E(Y),$$
即
$$\text{Cov}(X,Y)=E(XY)-E(X)E(Y).$$

例 1　设连续型随机变量 (X,Y) 的联合概率密度函数为

$$f(x,y) = \begin{cases} 1, & |y| \leqslant x, \ 0 \leqslant x \leqslant 1, \\ 0, & \text{其他}, \end{cases}$$

求 $\text{Cov}(X, Y)$.

解 画出 $f(x,y)$ 不为 0 的区域,如图 4-2 所示.

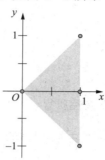

图 4-2

$$E(X) = \int_{-\infty}^{+\infty}\int_{-\infty}^{+\infty} xf(x,y)\mathrm{d}x\mathrm{d}y = \int_0^1 \mathrm{d}x \int_{-x}^{x} x\mathrm{d}y = \frac{2}{3}.$$

同理,$E(Y) = \int_0^1 \mathrm{d}x \int_{-x}^{x} y\mathrm{d}y = 0$,

$$E(XY) = \iint_G xyf(x,y)\mathrm{d}x\mathrm{d}y = \int_0^1 \mathrm{d}x \int_{-x}^{x} xy\mathrm{d}y = 0,$$

故 $\text{Cov}(X, Y) = 0$.

二、协方差的性质

性质 1 $\text{Cov}(C, X) = 0$,其中 C 为任意常数.

性质 2 $\text{Cov}(aX, bY) = ab\text{Cov}(X, Y)$,其中 a, b 为任意常数.

性质 3 $\text{Cov}(X_1 + X_2, Y) = \text{Cov}(X_1, Y) + \text{Cov}(X_2, Y)$

或 $\text{Cov}(X, Y_1 + Y_2) = \text{Cov}(X, Y_1) + \text{Cov}(X, Y_2)$.

性质 4 随机变量方差和协方差的关系:$D(X \pm Y) = D(X) + D(Y) \pm 2\text{Cov}(X, Y)$.

特别地,当 X 和 Y 相互独立时,有 $D(X \pm Y) = D(X) + D(Y)$.

推广 $D\left(\sum_{i=1}^{n} X_i\right) = \sum_{i=1}^{n} D(X_i) + 2 \sum_{1 \leqslant i < j \leqslant n} \text{Cov}(X_i, X_j)$.

若 $X_1, X_2, \cdots, X_n$ 两两独立,则 $D\left(\sum_{i=1}^{n} X_i\right) = \sum_{i=1}^{n} D(X_i)$.

三、相关系数

协方差的大小在一定程度上反映了随机变量 X 和 Y 的相互关系,但它会受到 X 和 Y 本身度量单位的影响,设 X 和 Y 同时扩大 k 倍,变为 kX 和 kY. 而 X 和 Y,kX 和 kY 的统计关系应该是一致的,但是协方差却扩大了 k^2 倍,即

$\mathrm{Cov}(kX, kY) = k^2 \mathrm{Cov}(X, Y)$. 为了避免这种情况,我们引入相关系数的概念.

定义 2 设二维随机变量 (X, Y) 且 $D(X) > 0$, $D(Y) > 0$,则称

$$\rho = \rho_{XY} = \frac{\mathrm{Cov}(X, Y)}{\sqrt{D(X) \cdot D(Y)}}$$

为 X 和 Y 的相关系数.

四、相关系数的性质

性质 1 $|\rho_{XY}| \leq 1$.

证明 由协方差及方差性质得,

$$0 \leq D\left[\frac{X}{\sqrt{D(X)}} \pm \frac{Y}{\sqrt{D(Y)}}\right] = D\left[\frac{X}{\sqrt{D(X)}}\right] + D\left[\frac{Y}{\sqrt{D(Y)}}\right] \pm 2\mathrm{Cov}\left[\frac{X}{\sqrt{D(X)}}, \frac{Y}{\sqrt{D(Y)}}\right] = 1 + 1 \pm 2\frac{\mathrm{Cov}(X, Y)}{\sqrt{D(X) \cdot D(Y)}} = 2 \pm 2\rho_{XY},$$

故 $-1 \leq \rho_{XY} \leq 1$.

性质 2 $|\rho_{XY}| = 1$ 的充要条件是存在常数 a, b 使得 $P\{Y = aX + b\} = 1$.

性质 2 说明 $\rho_{XY} = \pm 1$ 的充要条件是,随机变量 X 和 Y 以概率 1 存在"线性关系". 当 $a > 0$ 时, $\rho_{XY} = 1$;当 $a < 0$ 时, $\rho_{XY} = -1$.

相关系数 ρ_{XY} 反映了两个分量之间线性关系的紧密程度. $|\rho_{XY}|$ 越接近于 1, X 和 Y 之间的线性关系越强; $|\rho_{XY}|$ 越接近于 0, X 和 Y 之间的线性关系越弱. 当 $\rho = 0$ 时,称 X 和 Y 不相关.

不相关,即 $\rho = 0$ 只说明 X 和 Y 之间没有线性关系,并不能说明它们之间没有其他函数关系. 只有当 X 和 Y 相互独立时,它们才没有任何关系.

定理 若随机变量 X 和 Y 相互独立,则 $\rho_{XY} = 0$,即 X 和 Y 不相关. 反之不然.

但对于二维正态分布, X 和 Y 相互独立当且仅当 X 和 Y 不相关.

例 2 设二维随机变量 (X, Y) 的联合分布律为:

X \ Y	-1	0	1
-1	1/8	1/8	1/8
0	1/8	0	1/8
1	1/8	1/8	1/8

求 $D(X)$, $D(Y)$ 和 $\mathrm{Cov}(X, Y)$. X 和 Y 是否相关?是否独立?

解 由联合分布律分别求得 X 和 Y 的边缘分布律:

X	-1	0	1
p	$\frac{3}{8}$	$\frac{2}{8}$	$\frac{3}{8}$

Y	-1	0	1
p	$\frac{3}{8}$	$\frac{2}{8}$	$\frac{3}{8}$

$$E(X)=(-1)\times\frac{3}{8}+1\times\frac{3}{8}=0, \quad E(Y)=0,$$

$$E(X^2)=(-1)^2\times\frac{3}{8}+1^2\times\frac{3}{8}=\frac{6}{8}, \quad E(Y^2)=\frac{6}{8},$$

$$D(X)=E(X^2)-[E(X)]^2=\frac{6}{8}, \quad D(Y)=\frac{6}{8},$$

$$E(XY)=(-1)\times(-1)\times\frac{1}{8}+(-1)\times 0\times\frac{1}{8}+(-1)\times 1\times\frac{1}{8}+1\times(-1)\times\frac{1}{8}+1\times 0\times\frac{1}{8}+1\times 1\times\frac{1}{8}=0,$$

$\mathrm{Cov}(X,Y)=E(XY)-E(X)\cdot E(Y)=0$. 故 $\rho_{XY}=0$，即 X 和 Y 不相关.

$P\{X=0, Y=0\}=0\neq P\{X=0\}\cdot P\{Y=0\}=\frac{1}{16}$，故 X 和 Y 不独立.

例 2 说明，由 X 和 Y 不相关，不能得出它们相互独立.

五、矩

定义 3 设随机变量 X 和 Y，k 和 l 为正整数，若 $E(X^k)$ 存在，

$$\mu_k = E(X^k) = \begin{cases} \sum_{i=1}^{\infty} x_i^k p_i, & \text{当 } X \text{ 为离散型,} \\ \int_{-\infty}^{+\infty} x^k f(x)\mathrm{d}x, & \text{当 } X \text{ 为连续型,} \end{cases}$$

称 μ_k 为 X 的 k 阶（原点）矩.

若 $E\{[X-E(X)]^k\}$ 存在，

$$\nu_k = E\{[X-E(X)]^k\} = \begin{cases} \sum_{i=1}^{\infty}[x_i-E(X)]^k p_i, & \text{当 } X \text{ 为离散型,} \\ \int_{-\infty}^{+\infty}[x-E(X)]^k f(x)\mathrm{d}x, & \text{当 } X \text{ 为连续型,} \end{cases}$$

称 ν_k 为 X 的 k 阶中心矩.

若 $E(X^k Y^l)$ 存在，称 $\mu_{kl}=E(X^k Y^l)$ 为 X 和 Y 的 $k+l$ 阶混合（原点）矩.

若 $E\{[X-E(X)]^k[Y-E(Y)]^l\}$ 存在，称 $\nu_{kl}=E\{[X-E(X)]^k[Y-E(Y)]^l\}$ 为 X 和 Y 的 $k+l$ 阶混合中心矩.

显然，$\mu_1=E(X)$，即一阶原点矩是 X 的数学期望；$\nu_2=E[X-E(X)]^2=D(X)$，即二阶中心矩是 X 的方差；$\nu_{11}=E\{[X-E(X)][Y-E(Y)]\}=\mathrm{Cov}(X,Y)$，即二阶混合中心矩是 X 和 Y 的协方差.

习题 4.3

1. 设随机变量 X 和 Y 相互独立,且分布律如下:

X	1	2	3
p	$\frac{3}{9}$	$\frac{2}{9}$	$\frac{4}{9}$

Y	-1	1
p	$\frac{1}{3}$	$\frac{2}{3}$

则 $\text{Cov}(X,Y)=$ _____.

2. 已知离散型随机向量 (X,Y) 的联合分布律为:

X \ Y	-1	0	2
0	0.1	0.2	0
1	0.3	0.05	0.1
2	0.15	0	0.1

求 $\text{Cov}(X,Y)$.

3. 设二维随机变量 (X,Y),联合概率密度函数
$$f(x,y)=\begin{cases} cxy^2, & 0<x<1,\ 0<y<1, \\ 0, & \text{其他}, \end{cases}$$
确定参数 c 并求出相关系数 ρ_{XY}.

4. 设随机变量 X,概率密度函数 $f(x)=\begin{cases} \frac{1}{2}x, & 0<x<2, \\ 0, & \text{其他}, \end{cases}$ 求随机变量 X 的 1 至 4 阶原点矩和中心矩.

本章小结

本章知识要点

数学期望　方差　标准差　几种常见分布的数学期望和方差　协方差　相关系数　X,Y 不相关　矩

本章常用结论

1. 一维随机变量的数字特征

(1) 数学期望.

① 若 X 的分布律为 $P\{X=x_k\}=p_k$ $(k=1,2,\cdots)$,则 $E(X)=\sum\limits_{k=1}^{\infty}x_k p_k$.

又 $Y=g(X)$,则 $E(Y)=\sum\limits_{k=1}^{\infty}g(x_k)p_k$.

② 若 $X\sim f(x)$,则 $E(X)=\int_{-\infty}^{+\infty}xf(x)\mathrm{d}x$.

又 $Y=g(X)$,$E(Y)=E[g(x)]=\int_{-\infty}^{+\infty}g(x)f(x)\mathrm{d}x$.

(2) 数学期望的性质.

① $E(C)=C$,$E[E(X)]=E(X)$.

② $E(X+Y)=E(X)+E(Y)$,$E(X_1+X_2+\cdots+X_n)=E(X_1)+E(X_2)+\cdots+E(X_n)$.

③ 若随机变量 X 与 Y 相互独立,则 $E(XY)=E(X)\cdot E(Y)$.

④ 若随机变量 $X_1,X_2,\cdots,X_n$ 相互独立,则

$$E(X_1 X_2\cdots X_n)=E(X_1)E(X_2)\cdots E(X_n)=\prod_{i=1}^{n}E(X_i).$$

(3) 方差.

① $D(X)=E\{[X-E(X)]^2\}=E(X^2)-[E(X)]^2$.

② $E(X^2)=D(X)+[E(X)]^2$.

(4) 方差的性质

① $D(C)=0$,$D[E(X)]^2=0$.

② $D(CX)=C^2 D(X)$.

③ $D(X\pm Y)=D(X)+D(Y)\pm 2E\{[X-E(X)][Y-E(Y)]\}=D(X)+D(Y)\pm 2\mathrm{Cov}(X,Y)$.

④ X 与 Y 相互独立,$D(X\pm Y)=D(X)+D(Y)$.

⑤ 随机变量 $X_1,X_2,\cdots,X_n$ 相互独立,则

$$D(X_1+X_2+\cdots+X_n)=D(X_1)+D(X_2)+\cdots+D(X_n)=\sum_{i=1}^{n}D(X_i).$$

2. 二维随机变量的数字特征

(1) 数学期望.

① 若 (X,Y) 的分布律为 $P\{X=x_i,Y=y_j\}=p_{ij}(i,j=1,2,\cdots)$, 且 $Z=g(X,Y)$, 则

$$E(Z)=\sum_i\sum_j g(x_i,y_j)p_{ij}$$

② 若 (X,Y) 的联合概率密度函数为 $f(x,y)$, 且 $Z=g(X,Y)$, 则

$$E(Z)=\int_{-\infty}^{+\infty}\int_{-\infty}^{+\infty}g(x,y)f(x,y)\mathrm{d}x\mathrm{d}y$$

(2) 协方差.

① $\mathrm{Cov}(X,Y)=E\{[X-E(X)][Y-E(Y)]\}$.

② $\mathrm{Cov}(X,Y)=E(XY)-E(X)\cdot E(Y)$.

(3) 协方差的性质.

① $\mathrm{Cov}(C,X)=0$.

② $\mathrm{Cov}(aX,bY)=ab\mathrm{Cov}(X,Y)$.

③ $\mathrm{Cov}(X_1+X_2,Y)=\mathrm{Cov}(X_1,Y)+\mathrm{Cov}(X_2,Y)$,

或 $\mathrm{Cov}(X,Y_1+Y_2)=\mathrm{Cov}(X,Y_1)+\mathrm{Cov}(X,Y_2)$.

④ $D(X\pm Y)=D(X)+D(Y)\pm 2\mathrm{Cov}(X,Y)$.

⑤ 若 X 与 Y 相互独立, $D(X\pm Y)=D(X)+D(Y)$.

⑥ $D\left(\sum_{i=1}^{n}X_i\right)=\sum_{i=1}^{n}D(X_i)+2\sum_{1\leqslant i<j\leqslant n}\mathrm{Cov}(X_i,Y_j)$.

(4) 相关系数 $\rho=\rho_{XY}=\dfrac{\mathrm{Cov}(X,Y)}{\sqrt{D(X)\cdot D(Y)}}$.

(5) 协方差的性质:

① $|\rho_{XY}|\leqslant 1$.

② $|\rho_{XY}|=1$ 的充要条件是, 存在常数 a,b 使得 $P\{Y=aX+b\}=1$.

(6) 不相关与独立的关系:

独立一定不相关, 不相关不一定独立. 独立是说随机变量间没有任何关系, 不相关指的是随机变量间没有线性关系.

(7) 矩.

设 X 为随机变量, 若 $[E(X^k)]$ 存在, 则称其为 X 的 k 阶原点矩; 若 $E\{[X-E(X)]^k\}$ 存在, 则称其为 X 的 k 阶中心矩; 若 $E\{[X-E(X)]^k[Y-E(Y)]^l\}$ 存在, 则称其为 X 和 Y 的 $k+l$ 阶混合中心矩.

一阶原点矩为数学期望, 二阶中心距为方差, 二阶混合中心矩为协方差.

3. 常见分布的数学期望与方差

分布	表示方法	分布律/概率密度	数学期望	方差
0-1 分布	$X \sim B(1, p)$	$P\{X=k\} = p^k q^{1-k}$, $k=0, 1$	p	pq
二项分布	$X \sim B(n, p)$	$P\{X=k\} = C_n^k p^k q^{n-k}$, $k=0, 1, \cdots, n$	np	npq
泊松分布	$X \sim P(\lambda)$	$P\{X=k\} = e^{-\lambda} \dfrac{\lambda^k}{k!}$, $\lambda > 0$, $k=0, 1, \cdots$	λ	λ
均匀分布	$X \sim U(a, b)$	$f(x) = \begin{cases} \dfrac{1}{b-a}, & a < x < b \\ 0, & \text{其他} \end{cases}$	$\dfrac{a+b}{2}$	$\dfrac{(b-a)^2}{12}$
指数分布	$X \sim e(\lambda)$	$f(x) = \begin{cases} \lambda e^{-\lambda x}, & x > 0 \\ 0, & x \leqslant 0 \end{cases}$	$\dfrac{1}{\lambda}$	$\dfrac{1}{\lambda^2}$
标准正态分布	$X \sim N(0, 1)$	$\varphi(x) = \dfrac{1}{\sqrt{2\pi}} e^{-\frac{x^2}{2}}$	0	1
正态分布	$X \sim N(\mu, \sigma^2)$	$f(x) = \dfrac{1}{\sqrt{2\pi}\sigma} e^{-\frac{(x-\mu)^2}{2\sigma^2}}$	μ	σ^2

总习题四

一、选择题

1. 设随机变量 X，概率密度函数 $f(x)=\dfrac{1}{2\sqrt{2\pi}}e^{-\frac{(x+1)^2}{8}}$，$-\infty<x<+\infty$，则 X 服从（　　）.

   A. $N(-1,2)$　　　　　　　　　B. $N(-1,4)$

   C. $N(-1,8)$　　　　　　　　　D. $N(-1,16)$

2. 下列结论不正确的是（　　）.

   A. X 与 Y 相互独立，则 X 与 Y 不相关

   B. X 与 Y 相关，则 X 与 Y 不独立

   C. $E(XY)=E(X)E(Y)$，则 X 与 Y 相互独立

   D. $f(x,y)=f(x)f(y)$，则 X 与 Y 不相关

3. 若 $\mathrm{Cov}(X,Y)=0$，则不正确的是（　　）.

   A. $E(XY)=E(X)E(Y)$　　　　B. $E(X+Y)=E(X)+E(Y)$

   C. $D(XY)=D(X)D(Y)$　　　　D. $D(X+Y)=D(X)+D(Y)$

4. 设随机变量 X 和 Y，则 $X+Y$ 与 $X-Y$ 不相关的充要条件为（　　）.

   A. $E(X)=E(Y)$　　　　　　　B. $E(X^2)-(EX)^2=E(Y^2)-(EY)^2$

   C. $E(X^2)=E(Y^2)$　　　　　　D. $E(X^2)+(EX)^2=E(Y^2)+(EY)^2$

5. $E(XY)=E(X)E(Y)$ 是 X 与 Y 不相关的（　　）.

   A. 充分条件　　　　　　　　　B. 必要条件

   C. 充要条件　　　　　　　　　D. 既不充分，也不必要

6. 设随机变量 $X_1,X_2,\cdots,X_n(n>1)$ 独立同分布，且 $D(X_i)=\sigma^2>0$，令 $\overline{X}=\dfrac{1}{n}\sum\limits_{i=1}^{n}X_i$，则下列选项正确的是（　　）.

   A. $\mathrm{Cov}(X,Y)=\dfrac{\sigma^2}{n}$　　　　　　B. $\mathrm{Cov}(X,Y)=\sigma^2$

   C. $D(X_1+Y)=\dfrac{n+2}{n}\sigma^2$　　　　D. $D(X_1-Y)=\dfrac{n+1}{n}\sigma^2$

7. 将长度为 1m 的木棍随意截成两段，则两端长度的相关系数为（　　）.

   A. 1　　　B. 1/2　　　C. -1/2　　　D. -1

8. 若随机变量 X 和 Y 满足 $D(X+Y)=D(X-Y)$，则必有（　　）.

   A. X 与 Y 相互独立　　　　　B. X 与 Y 不相关

   C. $D(Y)=0$　　　　　　　　　D. $D(X)=0$

二、填空题

9. 设随机变量 X 的分布律为：

X	-1	0	1	2
p	0.1	0.2	0.3	0.4

令 $Y=2X+1$，则 $E(Y)=$ _____ .

10. 设随机变量 X 和 Y 相互独立，且 $D(X)=2$，$D(Y)=1$，则 $D(X-2Y+3)=$ _____ .

11. 设二维离散型随机变量 (X,Y) 的联合分布律为：

X \ Y	0	1	2
0	0.1	0.2	a
1	0.1	b	0.2

已知 $E(XY)=0.65$，则 $a=$ _____ ，$b=$ _____ .

12. 设连续型随机变量 $X \sim e(\lambda)$，即 $f(x)=\begin{cases}\lambda e^{-\lambda x}, & x>0,\\ 0, & \text{其他},\end{cases}$ 则 $P\{X>\sqrt{D(X)}\}=$ _____ .

13. 设随机变量 X，概率密度 $f(x)=\dfrac{1}{\sqrt{\pi}}e^{-x^2+2x-1}$，则 $E(X)=$ _____ ，$D(X)=$ _____ .

14. 已知 $2X+3Y=1$，则 $\rho_{XY}=$ _____ .

15. 设随机变量 X 和 Y 相互独立，$X \sim P(2)$，$Y \sim B(3, 0.6)$，则 $E(X-2Y)=$ _____ ，$D(X-2Y)=$ _____ .

16. 设随机变量 $X \sim U(a, b)$，$Y \sim N(3, 4)$，X 与 Y 具有相同的期望和方差，$a=$ _____ ，$b=$ _____ .

三、计算题

17. 设随机变量 X 的分布律为：

X	-1	0	1
p	$\dfrac{1}{3}$	$\dfrac{1}{3}$	$\dfrac{1}{3}$

令 $Y=X^2$，求 $D(X)$，$D(Y)$.

18. 设连续型随机变量 X，分布函数 $F(x)=\begin{cases} A+\dfrac{B}{(1+Cx)^2}, & x \geq 0,\\ 0, & x<0,\end{cases}$ 且 $E(X)=2$，确定 A，B 和 C 的值.

19. 某种产品的每件表面上的疵点数服从参数 $\lambda=0.8$ 的泊松分布，若规定疵点数不超过1个为一等品，价值10元；疵点数大于1个不多于4个为二等品，价值8元；疵点数超过4个为废品．求：(1)产品的废品率(结果取三位小数)；(2)产品价值的平均值．

20. 汽车沿街道行驶，需要通过3个设有红绿信号灯的路口，红灯停绿灯行，每个信号灯之间相互独立，且红绿两种颜色的显示时间相等，X 表示汽车第一次停下来时通过的路口个数，求 X 的分布律和数学期望．

21. 将 n 个小球($1\sim n$ 号)随机地放进 n 个盒子($1\sim n$ 号)，一个盒子只能装一个球，若球与盒子编号相同称为一个配对，记 X 为总配对数，求它的数学期望．

22. 设连续型随机变量 X，分布函数 $F(x)=\begin{cases}A+Be^{-2x}, & x>0,\\ 0, & x\leq 0,\end{cases}$ (1)确定 A 和 B 的值；(2)计算 $P\{-1<X<1\}$；(3)求 $f(x)$；(4)求 $E(X)$ 和 $D(X)$．

23. 设随机变量 $X\sim U(-1,2)$，随机变量 $Y=\begin{cases}1, & x>0,\\ 0, & x=0,\\ -1, & x<0,\end{cases}$ 求 $E(Y)$ 和 $D(Y)$．

24. 设二维随机变量(X,Y)的联合分布律为：

X \ Y	-1	1
1	1/4	0
2	1/2	1/4

求 $E(X)$, $E(Y)$, $E(XY)$, $\text{Cov}(X,Y)$．

25. 设甲乙两箱中装有同种产品，其中甲箱中有合格品和次品各3件，乙箱中装着3件合格品，现从甲箱中任取3件放入乙箱，求乙箱中次品数 X 的数学期望．

26. 设随机变量 X 和 Y 的分布律分别为：

X	-1	1
p	1/2	1/2

Y	0	1
p	1/4	3/4

且已知 $P\{X=Y\}=1/4$，求(X,Y)的联合分布律和 ρ_{XY}．

27. 设随机事件 A 和 B，且 $P(A)=\dfrac{1}{4}$，$P(B|A)=\dfrac{1}{3}$ 和 $P(A|B)=\dfrac{1}{2}$，设

$$X=\begin{cases}1, & A\text{ 发生},\\ 0, & A\text{ 不发生},\end{cases} \quad Y=\begin{cases}1, & B\text{ 发生},\\ 0, & B\text{ 不发生},\end{cases}$$

求二维随机变量(X,Y)的联合分布律和 ρ_{XY}．

28. 设随机变量 $X \sim N(1, 4)$，$Y \sim e(0.5)$，X 与 Y 相互独立，求 $E(XY)$ 与 $D(XY)$.

29. 设随机变量 $X \sim P(16)$，$Y \sim e(2)$，$\rho_{XY} = -0.5$，求 $\text{Cov}(X, Y+1)$，$E(Y^2 + XY)$，$D(X - 2Y)$.

30. 设二维随机变量 (X, Y)，联合概率密度
$$f(x, y) = \begin{cases} 4xy e^{-(x^2+y^2)}, & x > 0, y > 0, \\ 0 & \text{其他}, \end{cases}$$
求 $E(\sqrt{x^2 + y^2})$.

31. 设二维随机变量 (X, Y) 的联合分布律为：

X \ Y	0	1
0	1/3	b
1	a	1/6

且已知 X 和 Y 不相关，求 a 和 b.

第五章 大数定律与中心极限定理

极限定理是概率论的基本理论,其中最重要的是大数定律和中心极限定理. 当随机变量序列的算术平均值,在某种条件下收敛到某期望时,就是大数定律;中心极限定理叙述的是,大量随机变量和的分布在何种条件下逼近于正态分布.

§5.1 大数定律

实践表明,随着试验次数的增加,事件发生的频率呈现出稳定性,且稳定在某一个常数附近,由此我们得出概率的统计定义. 此外,人们还发现,大量测量值的算术平均值也具有稳定性. 本节将要介绍的几个大数定律就是对这种稳定性的研究.

一、预备知识

定义 1 若对任意 $n>1$,随机变量 $X_1, X_2, \cdots, X_n$ 都相互独立,则称随机变量序列 $X_1, X_2, \cdots, X_n, \cdots$ 相互独立. 此时,若所有的 X_i 都有相同的分布,则称 $X_1, X_2, \cdots, X_n, \cdots$ 是独立同分布的随机变量序列.

定义 2 设一个随机变量序列 $X_1, X_2, \cdots, X_n, \cdots$ 及常数 a,若对于任意 $\varepsilon>0$,有

$$\lim_{n\to\infty} P\{|X_n-a|\geqslant\varepsilon\}=0 \text{ 或 } \lim_{n\to\infty} P\{|X_n-a|<\varepsilon\}=1,$$

则称 $X_1, X_2, \cdots, X_n, \cdots$ 依概率收敛于 a,记为 $X_n \xrightarrow{P} a$.

定理 1 设随机变量 X 的数学期望 $E(X)=\mu$,方差 $D(X)=\sigma^2$,则对于任意给定的 $\varepsilon>0$,有

$$P\{|X-\mu|\geqslant\varepsilon\}\leqslant\frac{\sigma^2}{\varepsilon^2}.$$

称上式为切比雪夫(Chebyshev)不等式.

证明 只对连续型随机变量进行证明. 设连续型随机变量 X 及其密度函数 $f(x)$. 由 $|X-\mu|\geqslant\varepsilon$ 得 $\frac{|X-\mu|}{\varepsilon}\geqslant 1$,则

$$P\{|X-\mu|\geq \varepsilon\} = \int_{|X-\mu|\geq\varepsilon} f(x)\mathrm{d}x \leq \int_{|X-\mu|\geq\varepsilon} \frac{|X-\mu|^2}{\varepsilon^2}f(x)\mathrm{d}x = \frac{1}{\varepsilon^2}\int_{|X-\mu|\geq\varepsilon}(x-\mu)^2 f(x)\mathrm{d}x$$

$$\leq \frac{1}{\varepsilon^2}\int_{-\infty}^{+\infty}(x-\mu)^2 f(x)\mathrm{d}x = \frac{1}{\varepsilon^2}\int_{-\infty}^{+\infty}[x-E(X)]^2 f(x)\mathrm{d}x = \frac{1}{\varepsilon^2}D(X) = \frac{\sigma^2}{\varepsilon^2}.$$

证毕.

切比雪夫不等式还可以写成 $P\{|X-\mu|<\varepsilon\}\geq 1-\frac{\sigma^2}{\varepsilon^2}$.

在 X 分布未知的条件下，由切比雪夫不等式可以求出事件 $\{|X-\mu|\geq\varepsilon\}$ 发生概率的上界. 但是这个上界可能与概率的真值相差较大，因为这个不等式适用于所有分布.

例如，设随机变量 $X\sim U(0,4)$，则 $E(X)=2$，$D(X)=\frac{4}{3}$，

估计值 $P\{|X-2|\geq 1\}\leq \frac{4}{3}\approx 1.33$，而真值 $P\{|X-2|\geq 1\}=0.5$.

二、大数定律

定理 2(弱大数定律或辛钦大数定律) 设独立同分布的随机变量序列 X_1, X_2, $\cdots$, X_n, $\cdots$ 具有相同的期望 $E(X_i)=\mu$ $(i=1,2,\cdots)$，作前 n 个随机变量的算术平均值为 $Y_n=\frac{1}{n}\sum_{i=1}^{n}X_i$. 则对任意的 $\varepsilon>0$，有

$$\lim_{n\to\infty}P\{|Y_n-\mu|\geq\varepsilon\}=0 \text{ 或 } \lim_{n\to\infty}P\{|Y_n-\mu|<\varepsilon\}=1.$$

证明 我们只在随机变量序列的方差存在且相等的条件下给出证明，设 $D(X_i)=\sigma^2$.

$$E(Y_n)=\frac{1}{n}E(X_1+\cdots+X_n)=\frac{1}{n}\sum_{i=1}^{n}E(X_i)=\mu,$$

$$D(Y_n)=\frac{1}{n^2}D(X_1+\cdots+X_n)=\frac{1}{n^2}\sum_{i=1}^{n}D(X_i)=\frac{\sigma^2}{n}, 因为\{X_n\}相互独立.$$

由切比雪夫不等式得

$$0\leq P\{|Y_n-\mu|\geq\varepsilon\}\leq \frac{\sigma^2}{n\cdot\varepsilon^2}.$$

当 $n\to\infty$ 时，$P\{|Y_n-\mu|\geq\varepsilon\}=0$. 证毕.

定理 2 还可以叙述为，在定理条件下，Y_n 依概率收敛与 μ，即 $Y_n \xrightarrow{P} \mu$.

定理说明，对于独立同分布且具有相同数学期望的随机变量序列，当 n 很大时，它们算术平均值很可能接近于它们的数学期望.

推论(伯努利大数定律) 设 n_A 是 n 次独立重复试验中事件 A 发生的次数，p 是每次试验中事件 A 发生的概率，即 $n_A\sim(B(n,p)$. 则对任意的 $\varepsilon>0$，有

$$\lim_{n\to\infty}P\left\{\left|\frac{n_A}{n}-p\right|\geqslant\varepsilon\right\}=0 \text{ 或 } \lim_{n\to\infty}P\left\{\left|\frac{n_A}{n}-p\right|<\varepsilon\right\}=1.$$

证明 由 $n_A \sim B(n,p)$ 得 $n_A = X_1 + \cdots + X_n$,其中 X_i 相互独立且服从 0—1 分布,且 $E(X_i)=p$, $D(X_i)=p(1-p)(i=1,2,\cdots,n)$,又 $Y_n=\frac{1}{n}\sum_{i=1}^{n}X_i=\frac{n_A}{n}$,代入定理 2 即可.

推论表明,当 n 充分大时,事件 A 发生的频率收敛于事件发生的概率 p,它从理论上证明了频率的稳定性.因此在实际应用中,当试验次数足够多时,可用频率代替概率.

习题 5.1

1. 设随机变量 X,$E(X)=\mu$,$D(X)=\sigma^2$,用切比雪夫不等式估计
   $P\{|X-\mu|\geqslant 2\sigma\}\leqslant$ _____.

2. 设随机变量 X,概率密度函数 $f(x)=\begin{cases}\frac{1}{2}x^2 e^{-x}, & x>0 \\ 0, & x\leqslant 0,\end{cases}$ 用切比雪夫不等式估计 $P\{0<X<6\}>$ _____.

3. 已知正常男性成人血液中,每一毫升白细胞数平均是 7 300,均方差是 700. 利用切比雪夫不等式估计每毫升白细胞数在 5 200~9 400 的概率.

§5.2 中心极限定理

在前面的讲解中,我们提到正态分布的重要性,因为"在自然和社会现象中,大量随机变量都服从或近似地服从正态分布". 本节我们将给出这句话的理论依据,即中心极限定理. 中心极限定理有很多形式,本节只介绍两个比较常用的.

定理 1(独立同分布的中心极限定理或林德伯格—勒维定理) 设独立同分布的随机变量序列 X_1,X_2,$\cdots$,X_n,$\cdots$ 具有相同的数学期望和方差,$E(X_k)=\mu$,$D(X_k)=\sigma^2(k=1, 2, \cdots)$,则随机变量

$$Y_n = \frac{\sum_{k=1}^{n}X_k - E\left(\sum_{k=1}^{n}X_k\right)}{\sqrt{D\left(\sum_{k=1}^{n}X_k\right)}} = \frac{\sum_{k=1}^{n}X_k - n\mu}{\sqrt{n}\sigma}$$

的分布函数 $F_n(x)$ 收敛到标准正态分布的分布函数 $\Phi(x)$,即对任意实数 x,有

$$\lim_{n\to\infty}F_n(x)=\lim_{n\to\infty}P\{Y_n\leqslant x\}=\int_{-\infty}^{x}\frac{1}{\sqrt{2\pi}}e^{-\frac{t^2}{2}}dt=\Phi(x).$$

简单地说,在定理条件下,当 n 充分大时,Y_n 近似地服从标准正态分布.

记 $\overline{X} = \dfrac{1}{n}\sum\limits_{k=1}^{n} X_k$,则根据定理 1,有 $Y_n = \dfrac{\overline{X}-\mu}{\sqrt{\dfrac{\sigma^2}{n}}}$,且可得

$$\frac{\sum\limits_{k=1}^{n} X_k - n\mu}{\sqrt{n}\sigma} \sim N(0,1),\ \sum\limits_{k=1}^{n} X_k \sim N(n\mu, n\sigma^2);$$

$$\frac{\overline{X}-\mu}{\sqrt{\dfrac{\sigma^2}{n}}} \sim N(0,1),\ \overline{X} \sim N\left(\mu, \dfrac{\sigma^2}{n}\right).$$

例 1 某种电子元件的寿命服从参数为 $\dfrac{1}{100}$ 的指数分布,现任取 16 只,它们的寿命相互独立,问这 16 只电子元件寿命之和大于 1 920 h 的概率.

解 设 X_i 表示第 i 只电子元件的寿命,$E(X_i) = 100$,$D(X_i) = 100^2$,$n = 16$,则 $\sum\limits_{i=1}^{16} X_i \sim N(1\,600, 400^2)$.

$P\left\{\sum\limits_{i=1}^{16} X_i > 1\,920\right\} = 1 - P\left\{\sum\limits_{i=1}^{16} X_i \leqslant 1\,920\right\} = 1 - \Phi\left(\dfrac{1\,920 - 1\,600}{400}\right) = 1 - \Phi(0.8) = 0.211\,9$.

下面介绍一个定理 1 的特例.

定理 2(二项分布中心极限定理或棣莫弗—拉普拉斯定理) 设 n_A 是 n 次独立重复试验中事件 A 发生的次数,p 是每次试验中 A 发生的概率. 即 $n_A \sim B(n,p)$,则随机变量

$$Y_n = \frac{n_A - np}{\sqrt{np(1-p)}}$$

的分布函数 $F_n(x)$ 收敛到标准正态分布的分布函数 $\Phi(x)$. 即对任意实数 x,有

$$\lim_{n\to\infty} F_n(x) = \lim_{n\to\infty} P\{Y_n \leqslant x\} = \Phi(x) = \int_{-\infty}^{x} \frac{1}{\sqrt{2\pi}} e^{-\frac{t^2}{2}} dt.$$

二项分布满足定理 1 的所有条件,代入 Y_n 即可.

定理 2 说明,当 n 充分大时,可用标准正态分布来计算二项分布.

设 $Y_n = \dfrac{n_A - np}{\sqrt{np(1-p)}} \sim N(0,1)$,则 $\sum\limits_{k=1}^{n} X_k = n_A \sim N(np, np(1-p))$,对任意实数 x,有

$$P\{n_A \leqslant x\} = P\left\{\frac{n_A - np}{\sqrt{np(1-p)}} \leqslant \frac{x - np}{\sqrt{np(1-p)}}\right\} \approx \Phi\left(\frac{x-np}{\sqrt{np(1-p)}}\right),$$

$$P\{a < n_A \leqslant b\} \approx \Phi\left(\frac{b-np}{\sqrt{np(1-p)}}\right) - \Phi\left(\frac{a-np}{\sqrt{np(1-p)}}\right).$$

例 2 某宿舍楼有 10 000 盏同样型号的灯,夜间每盏灯开着的概率为

0.8，各盏灯开关情况相互独立，计算同时开灯数在 8 000～10 000 的概率.

解 设随机变量 X 表示同一时刻的开灯数. 则 $X \sim B(10\,000, 0.8)$，$np = 8\,000$，$np(1-p) = 40^2$，则由定理 2，$X \sim N(8\,000, 40^2)$，

$$P\{8\,000 < X < 10\,000\} = \Phi\left(\frac{10\,000 - 8\,000}{40}\right) - \Phi\left(\frac{8\,000 - 8\,000}{40}\right) = 0.5.$$

例 3 某实验室有同样型号的设备 200 台，每台设备开动的概率为 0.7，各台设备相互独立，开动时每台消耗电能 15 个单位. 求电厂最少要供应多少电能，才能以 95% 的概率保证实验室不会因供电不足而无法运转.

解 设随机变量 X 表示同一时刻开动的设备数. 则 $X \sim B(200, 0.7)$，$np = 140$，$np(1-p) = 42$，则由定理 2，$X \sim N(140, 42)$，

$$P\{X \leqslant x\} = \Phi\left(\frac{x - 140}{\sqrt{42}}\right) \geqslant 95\%，\quad x = 151.$$

故供电量为 $151 \times 15 = 2\,265$.

习题 5.2

一盒同类型的钉子共有 100 个，每个钉子的重量是一个随机变量，期望值为 100 g，标准差为 10 g，求一盒钉子的重量超过 10.2 kg 的概率.

本章小结

本章知识要点

切比雪夫不等式　伯努利大数定律　中心极限定理　二项分布中心极限定理　棣莫弗—拉普拉斯定理

本章常用结论

(1)切比雪夫不等式：$P\{|X-\mu|\geq\varepsilon\}\leq\dfrac{\sigma^2}{\varepsilon^2}$ 或 $P\{|X-\mu|<\varepsilon\}\geq 1-\dfrac{\sigma^2}{\varepsilon^2}$.

(2)大数定律.

①弱大数定律或辛钦大数定律. 独立同分布的随机变量序列 $X_1,X_2,\cdots,X_n,\cdots$ 具有相同的期望 $E(X_i)=\mu$ $(i=1,2,\cdots)$，作前 n 个随机变量的算术平均值为 $Y_n=\dfrac{1}{n}\sum\limits_{i=1}^{n}X_i$. 则对任意的 $\varepsilon>0$，有

$$\lim_{n\to\infty}P\{|Y_n-\mu|\geq\varepsilon\}=0 \quad \text{或} \quad \lim_{n\to\infty}P\{|Y_n-\mu|<\varepsilon\}=1.$$

②伯努利大数定律. n_A 是 n 次独立重复试验中事件 A 发生的次数，p 是每次试验中事件 A 发生的概率，即 $n_A\sim B(n,p)$. 则对任意的 $\varepsilon>0$，有

$$\lim_{n\to\infty}P\left\{\left|\dfrac{n_A}{n}-p\right|\geq\varepsilon\right\}=0 \quad \text{或} \quad \lim_{n\to\infty}P\left\{\left|\dfrac{n_A}{n}-p\right|<\varepsilon\right\}=1.$$

(3)中心极限定理.

①独立同分布的中心极限定理或林德伯格—勒维定理. 独立同分布的随机变量序列 $X_1, X_2, \cdots, X_n, \cdots$ 具有相同的数学期望和方差，$E(X_i)=\mu$，$D(X_i)=\sigma^2>0$ $(i=1,2,\cdots)$，则随机变量

$$Y_n=\dfrac{\sum\limits_{k=1}^{n}X_k-E\left(\sum\limits_{k=1}^{n}X_k\right)}{\sqrt{D\left(\sum\limits_{k=1}^{n}X_k\right)}}=\dfrac{\sum\limits_{k=1}^{n}X_k-n\mu}{\sqrt{n}\sigma}$$

的分布函数 $F_n(x)$ 收敛到标准正态分布的分布函数 $\Phi(x)$.

$$\dfrac{\sum\limits_{i=1}^{n}X_i-n\mu}{\sqrt{n}\sigma}\sim N(0,1), \sum_{i=1}^{n}X_i\sim N(n\mu,n\sigma^2);$$

$$\dfrac{\overline{X}-\mu}{\sqrt{\sigma^2/n}}\sim N(0,1), \overline{X}\sim N\left(\mu,\dfrac{\sigma^2}{n}\right).$$

②二项分布中心极限定理或棣莫弗—拉普拉斯定理. n_A 是 n 次独立重复试验中事件 A 发生的次数，p 是每次试验中 A 发生的概率，即 $n_A\sim B(n,p)$. 则

随机变量
$$Y_n = \frac{n_A - np}{\sqrt{np(1-p)}}$$
的分布函数 $F_n(x)$ 收敛到标准正态分布的分布函数 $\Phi(x)$.

若 $Y_n = \dfrac{n_A - np}{\sqrt{np(1-p)}} \sim N(0,1), \sum\limits_{i=1}^{n} X_i = n_A \sim N(np, np(1-p))$,对任意实数 x,有

$$p\{n_A \leqslant x\} = P\left\{\frac{n_A - np}{\sqrt{np(1-p)}} \leqslant \frac{x - np}{\sqrt{np(1-p)}}\right\} \approx \Phi\left(\frac{x - np}{\sqrt{np(1-p)}}\right),$$

$$p\{a < n_A \leqslant b\} \approx \Phi\left(\frac{b - np}{\sqrt{np(1-p)}}\right) - \Phi\left(\frac{a - np}{\sqrt{np(1-p)}}\right).$$

总习题五

1. 设随机变量 $X \sim B(200, 0.5)$,用切比雪夫不等式估计 $P\{80 < X < 120\} \geqslant$ _____.

2. 设随机变量 $X_1, X_2, \cdots, X_n$ 独立同分布,且 X_i 的概率密度为 $f(x)$. 则 $P\{\sum_{i=1}^{n} X_i \leqslant x\}$,当 n 充分大时,有( ).

   A. P 可由 $f(x)$ 计算

   B. P 不能由 $f(x)$ 计算

   C. P 一定可用中心极限定理近似出来

   D. P 不能用中心极限定理近似出来

3. 设随机变量 X 和 Y,已知 $E(X) = -2, D(X) = 1$;$E(Y) = 2, D(Y) = 4$,$\rho_{XY} = -0.5$,由切比雪夫不等式估计 $P\{|X+Y| \geqslant 6\} \leqslant$ _____.

4. 某车间生产同一类产品,每件产品的重量是一个随机变量,每件的平均重量为 50 kg,标准差 5 kg,若用最大载重量为 5 t 的汽车运输,利用中心极限定理说明每辆汽车可以装多少件产品,才能保证不超载的概率大于 0.977 ($\Phi(2) = 0.977$)?

5. 保险公司开办一年人身保险业务,被保险人每年需缴纳保费 160 元,若一年内发生重大人身事故,受益人可获 2 万元赔偿金. 已知一般人一年内发生重大人身事故的概率为 0.005,现有 5 000 人投保,问保险公司一年内因此项业务所获总收益在 20 万~40 万元的概率是多少?

6. 质检员检查产品,每个产品的检验时间为 10 s,也有可能某个产品需要复查,再花掉 10 s,即检查这个产品共用 20 s. 设每个产品复查的概率为 $\frac{1}{2}$,求在 8 h 内质检员至少检查 1 600 个产品的概率.

第六章　样本及抽样分布

在前面的几章里，我们介绍了概率论的主要内容．从本章开始，将介绍数理统计的一些基本知识和常用的一些数理统计方法．

概率论是研究随机现象的一门学科．对于概率论中许多问题，我们总是假设随机变量的概率分布或密度函数为已知，进而讨论其性质、数字特征等内容．但是在实际问题中，人们事先并不知道随机事件的概率，随机变量的概率分布等信息，这就需要通过对所研究的随机现象进行重复独立的观察，得到许多数据，然后对这些数据进行分析，进而对所研究的随机变量的分布进行估计，并做出种种推断，这就是数理统计的问题．

数理统计的主要内容包括：收集和整理带有随机性的数据，对所得的数据资料进行分析研究，对所研究对象的性质和特征做出合理的估计和推断，为决策提供依据和建议．由于数理统计中的推断往往是在一定的概率意义下做出的，所以称之为统计推断．本书只讲述数理统计中参数估计和假设检验的一些基本方法．

本章主要介绍总体、样本、统计量、抽样分布等数理统计的基本概念和几种常用统计量的分布．

§6.1　数理统计的基本概念

一、总体与样本

总体、个体和样本是数理统计中最基本的三个概念．我们把具有一定共性的研究对象的全体称为**总体**，把组成总体的每一个元素称为**个体**．例如，要研究某校学生的身高，该校全体学生构成一个总体，每个学生都是一个个体．同样，要研究一批灯泡的寿命，就把这批灯泡的全体作为总体，而每个灯泡是一个个体．总体与个体之间的关系可看成集合与元素的关系．

总体所包含的个体的个数称为**总体的容量**．当总体所含有的个体数为有限时，称其为**有限总体**，否则为**无限总体**．例如，研究某班学生某门课程成绩时，由于该班学生为有限个，所得总体为有限总体．又如在数学中研究曲线的某种性质，总体为所有曲线的全体，为无限总体．当总体的容量很大时，我们也可以将其看成无限总体. 例如, 考察某工厂生产的某种型号的螺钉的质量, 由于所形成的总体的个体个数很多, 因此可以把它近似地看成是无限总体.

当我们用数理统计的方法来研究总体时, 往往关心的不是每个个体本身, 而是每个个体的某种数量指标. 例如对于研究学生身高的问题, 我们关心的是数量指标身高 X 的概率分布问题; 对于研究灯泡寿命的问题, 我们关心的是灯泡寿命 X 的概率分布问题. 因此, 对总体的研究, 实际上就是对某一个随机变量 X 的概率分布的研究. 为了方便起见, 我们把总体和相应数量指标等同起来, 即总体是一个随机变量 X, 其概率分布用 $F(x)$ 来表示. 例如对于灯泡寿命的问题, 总体就是灯泡的寿命 X, 它服从相应的概率分布 $F(x)$.

由于总体的分布一般是未知的, 为了判断总体服从何种分布, 必须对其中的个体进行观察 (或试验). 一般来说, 采用对每个个体逐一观察的手段来估计总体分布是不可能的. 一方面, 某些试验具有破坏性, 例如对灯泡寿命的观察, 灯泡的寿命一旦被测出, 也就意味着该灯泡已经报废了. 又如对某种武器 (如导弹等) 的破坏力的试验根本不可能多次重复. 另一方面, 由于人力、物力、财力、时间、技术和环境的限制, 有时不可能也没必要对个体做逐个观察. 一种普遍被接受的方法是按照一定规则从总体中随机抽取一部分个体进行观察 (或试验), 根据对这部分个体的观察结果来推断总体的分布情况. 被抽取出的这部分个体叫作来自于总体的一个**样本**, 从总体中抽取样本的过程就称作抽样. 实际上, 从总体中抽取 n 个样本, 也就是对总体进行了 n 次的观察 (或试验). 样本中所含个体的数目 n 称为**样本容量**.

我们知道, 对总体 X 的任何一个容量为 n 的样本, 抽样结果 $x_1, x_2, \cdots, x_n$ 是 n 个完全确定的数值. 但是由于抽样是一个随机试验, 所以这 n 个结果是随每次抽样而改变的, 具有随机性. 如果我们对总体做多次抽样 (每次抽取容量为 n 的样本), 则抽样结果是 n 个随机变量 $X_1, X_2, \cdots, X_n$, 我们称这 n 个随机变量 $X_1, X_2, \cdots, X_n$ 为总体的一个**样本**. 当一次抽样完成时, 我们就得到一组实数 $x_1, x_2, \cdots, x_n$, 它们称为样本 $X_1, X_2, \cdots, X_n$ 的**观察值**, 也叫**样本值**.

为了使抽取的样本 $X_1, X_2, \cdots, X_n$ 能够较好地反映总体 X 的特征, 我们要求样本一般满足下面两个条件:

(1) 代表性: 样本的每一个分量 X_i 与总体 X 有相同的分布.

(2) 独立性: $X_1, X_2, \cdots, X_n$ 是相互独立的随机变量.

用这种方式得到的样本 $X_1, X_2, \cdots, X_n$ 叫作**简单随机样本**, 而相应的抽样方式称为**简单随机抽样**. 简单随机抽样实际上就是独立地、重复地对总体 X 做抽样试验. 获取简单随机样本的方法可分为**有放回抽样**和**不放回抽样**. 对于有限总体, 我们通常采用有放回抽样, 这样随机抽取的样本是一个简单随机样本；对于无限总体，有放回抽样与不放回抽样几乎没什么差别，因此通常采用不放回抽样．

需要读者注意的是，本书所涉及的样本均指简单随机样本，即样本 X_1，X_2，$\cdots$，X_n 是相互独立的，且都是与总体 X 具有相同分布的随机变量．

设总体 X 的概率分布为 $F(x)$，由于样本的相互独立性，X_1，X_2，$\cdots$，X_n 的联合分布函数为

$$F(x_1,x_2,\cdots,x_n) = \prod_{i=1}^{n} F(x_i).$$

对于随机变量的两种类型，很容易得到如下定义：

(1)若 X 是离散型随机变量，具有概率分布 $P\{X=x_i\}=p(x_i)$，则样本的联合概率分布为

$$P\{X_1=x_1,X_2=x_2,\cdots,X_n=x_n\} = \prod_{i=1}^{n} P\{X_i=x_i\} = \prod_{i=1}^{n} p(x_i);$$

(2)若 X 是连续型随机变量，且具有概率密度 $f(x)$，则样本的联合概率密度为

$$f(x_1,x_2,\cdots,x_n) = \prod_{i=1}^{n} f(x_i).$$

例1 设总体 X 服从参数为 $\lambda(\lambda>0)$ 的指数分布，X_1，X_2，$\cdots$，X_n 是取自总体的样本，求样本 X_1，X_2，$\cdots$，X_n 的联合概率密度．

解 总体 X 的概率密度为 $f(x) = \begin{cases} \lambda e^{-\lambda x}, & x>0, \\ 0, & x\leqslant 0, \end{cases}$ 因为 X_1，X_2，$\cdots$，X_n 相互独立且与总体 X 具有相同的分布，所以 X_1，X_2，$\cdots$，X_n 的概率密度为

$$f(x_1,x_2,\cdots,x_n) = \prod_{i=1}^{n} f(x_i) = \begin{cases} \lambda^n e^{-\lambda \sum_{i=1}^{n} x_i}, & x_i>0, \\ 0, & 其他. \end{cases}$$

二、统计量

样本是总体特征及性质的代表和反映，因此我们可以根据样本所提供的信息对总体进行估计和推断．但是在获取样本后，我们不能直接用样本进行推断，而是需要对样本进行适当的"加工"，将样本中的主要信息"提炼"出来．要做到这一点，我们常常利用样本构造出适当的函数，这个函数只依赖于样本，而不依赖任何未知参数．为此，我们引入统计量的概念．

定义 设 X_1，X_2，$\cdots$，X_n 是来自总体 X 的一个样本，$g(X_1,X_2,\cdots,X_n)$ 是 X_1，X_2，$\cdots$，X_n 的函数，若 g 中不含与总体分布有关的未知参数，则称 $g(X_1,X_2,\cdots,X_n)$ 是一个统计量．

例2 设总体 $X \sim N(\mu,\sigma^2)$，其中 μ,σ^2 为未知参数，$X_1,X_2,\cdots,X_n$ 是来自

总体 X 的样本,则 $\frac{1}{n}\sum_{i=1}^{n}X_i$,$\max\{X_1,X_2,\cdots,X_n\}$,$\frac{1}{n}\sum_{i=1}^{n}(X_i-\overline{X})^2$ 均是统计量,而 $\overline{X}-\mu$,$\frac{\overline{X}-\mu}{\sigma}$ 不是统计量(因为含有未知参数).

若样本 X_1,X_2,$\cdots$,X_n 的观察值为 x_1,x_2,$\cdots$,x_n,则称 $g(x_1,x_2,\cdots,x_n)$ 是 $g(X_1,X_2,\cdots,X_n)$ 的观察值.值得注意的是,由于样本是随机变量,所以作为样本函数的统计量也是随机变量.

下面列出数理统计中一些常用的统计量:

1. 样本均值

$$\overline{X}=\frac{1}{n}\sum_{i=1}^{n}X_i,$$

样本均值反映了样本的平均水平.

2. 样本方差

$$S^2=\frac{1}{n-1}\sum_{i=1}^{n}(X_i-\overline{X})^2,$$

样本方差反映了样本偏离均值的程度.

注:根据样本方差的定义,

$$S^2=\frac{1}{n-1}\sum_{i=1}^{n}(X_i^2-2X_i\overline{X}+\overline{X}^2)$$
$$=\frac{1}{n-1}\left(\sum_{i=1}^{n}X_i^2-2\overline{X}\sum_{i=1}^{n}X_i+n\overline{X}^2\right)$$
$$=\frac{1}{n-1}\left(\sum_{i1}^{n}X_i^2-n\overline{X}^2\right),$$

用此表达式计算样本方差更为方便.

3. 样本标准差

$$S=\sqrt{S^2}=\sqrt{\frac{1}{n-1}\sum_{i=1}^{n}(X_i-\overline{X})^2},$$

样本标准差反映了样本的离散程度.

4. 样本 k 阶原点矩

$$A_k=\frac{1}{n}\sum_{i=1}^{n}X_i^k, k=1,2,\cdots.$$

5. 样本 k 阶中心矩

$$B_k=\frac{1}{n}\sum_{i=1}^{n}(X_i-\overline{X})^k, k=2,3,\cdots.$$

用 $\overline{x}$,s^2,s,a_k,b_k 分别表示 $\overline{X}$,S^2,S,A_k,B_k 的观察值,此时只需把定义中的 X_i 改为 x_i,$\overline{X}$ 改为 $\overline{x}$ 即可.

我们知道,总体 X 最基本的两种数字特征是期望 $E(X)$ 与方差 $D(X)$.相应地,我们引入了样本均值和样本方差的定义.对于上述概念,我们有如下基本定理：

定理 设总体 X 的均值和方差都存在，$X_1, X_2, \cdots, X_n$ 是来自总体 X 的一个样本，$\overline{X}$ 与 S^2 分别为该样本的样本均值和样本方差，则

(1) $E(\overline{X}) = E(X)$；

(2) $D(\overline{X}) = \dfrac{1}{n} D(X)$；

(3) $E(S^2) = D(X)$.

证明 (1) $E(\overline{X}) = E\left(\dfrac{1}{n}\sum_{i=1}^{n} X_i\right) = \dfrac{1}{n}\sum_{i=1}^{n} E(X_i) = \dfrac{1}{n} n E(X) = E(X)$.

(2) $D(\overline{X}) = D\left(\dfrac{1}{n}\sum_{i=1}^{n} X_i\right) = \dfrac{1}{n^2}\sum_{i=1}^{n} D(X_i) = \dfrac{1}{n^2} n D(X) = \dfrac{1}{n} D(X)$.

(3) $E(S^2) = E\left[\dfrac{1}{n-1}\left(\sum_{i=1}^{n} X_i^2 - n\overline{X}^2\right)\right] = \dfrac{1}{n-1}\left[\sum_{i=1}^{n} E(X_i^2) - n E(\overline{X}^2)\right]$

$= \dfrac{1}{n-1}[n(D(X) + (E(X))^2) - n(D(\overline{X}) + (E(\overline{X}))^2)]$

$= \dfrac{1}{n-1}\left[n(D(X) + (E(X))^2) - n\left(\dfrac{1}{n} D(X) + (E(X))^2\right)\right]$

$= D(X)$.

此外，我们可以看到，样本均值就是样本的一阶原点矩，即 $\overline{X} = A_1$，它常用来估计总体的均值，样本二阶中心矩与样本方差只相差一个常数因子，即 $S^2 = \dfrac{n}{n-1} B_2$，说明样本二阶中心矩与样本方差有一些差异，当样本容量 n 充分大时，B_2 与 S^2 近似相等.

例 3 设经过抽样得到的样本观察值为下列数据：

15.4，16.2，15.7，17.2，18.0，14.5，16.8，19.8，21.1，16.7，

计算样本均值、样本方差和样本标准差.

解 由样本均值、样本方差及样本标准差的定义知

$\bar{x} = \dfrac{1}{n}(x_1 + x_2 + \cdots + x_n)$

$= \dfrac{1}{10} \times (15.4 + 16.2 + 15.7 + 17.2 + 18.0 + 14.5 + 16.8 + 19.8 + 21.1 + 16.7)$

$= 17.14$，

$s^2 = \dfrac{1}{n-1}\left(\sum_{i=1}^{n} x_i^2 - n\bar{x}^2\right) = \dfrac{1}{9}\left(\sum_{i=1}^{10} x_i^2 - 10 \times 17.14^2\right) = 4.085$，

$s = \sqrt{s^2} = \sqrt{\dfrac{1}{n-1}\sum_{i=1}^{n}(x_i - \bar{x})^2} = \sqrt{4.085} = 2.021$.

例 4 设 $X \sim N(20, 3^2)$，$X_1, X_2, \cdots, X_{36}$ 为 X 的一个样本，求：

(1) 样本均值 $\overline{X}$ 的数学期望与方差；(2) $P\{|\overline{X} - 20| \leqslant 0.25\}$.

解 (1)由于 $X \sim N(20, 3^2)$，样本容量 $n=36$，

所以 $\overline{X} \sim N(20, \frac{3^2}{36})$，于是 $E(\overline{X})=20$，$D(\overline{X})=\frac{3^2}{36}=0.25$.

(2)由 $\overline{X} \sim N(20, 0.5^2)$，得 $\frac{\overline{X}-20}{0.5} \sim N(0,1)$，

故 $P\{|\overline{X}-20| \leqslant 0.25\} = P\left\{\left|\frac{\overline{X}-20}{0.5}\right| \leqslant 0.5\right\} = 2\Phi(0.5)-1 = 0.383$.

习题 6.1

1. 设总体 $X \sim N(\mu, \sigma^2)$，其中 μ 为已知，σ^2 为未知，$X_1, X_2, \cdots, X_n$ 是来自总体 X 的一个样本. 判断下面各式哪些是统计量，哪些不是统计量.

   (1) $\sum\limits_{i=1}^{n} X_i$；

   (2) $\sum\limits_{i=1}^{n} X_i^2$；

   (3) $\frac{\overline{X}-\mu}{\sigma}$；

   (4) $\sum\limits_{i=1}^{n}(X_i-\overline{X})^2$；

   (5) $\frac{1}{\sigma}\sum\limits_{i=1}^{n} X_i$；

   (6) $\max\{X_1, X_2, \cdots, X_n\} - \mu$；

   (7) $\frac{1}{n}\sum\limits_{i=1}^{n}(X_i-\mu)^2$；

   (8) $\frac{1}{\sigma^2}\sum\limits_{i=1}^{n}(X_i-\overline{X})^2$.

2. 从某班学生中抽取 10 人，数学成绩如下：

   $$86, 72, 75, 94, 60, 87, 75, 80, 79, 83,$$

   求这组样本值的均值、方差、二阶原点矩与二阶中心矩.

3. 在总体 $X \sim N(52, 6.3^2)$ 中随机抽一容量为 36 的样本，求样本均值落在 50.8～53.8 的概率.

4. 设 X 为任意总体，期望为 μ，方差为 σ^2. 若至少要以 95% 的概率保证

   $$|\overline{X}-\mu|<0.1\sigma,$$

   问样本容量 n 应取多大？

§6.2 抽样分布

统计量的分布称为**抽样分布**. 有了抽样分布，我们就可以借助它对未知的总体分布特征进行推断. 但是，对于一般总体来说，要确定抽样分布非常困难，其至是不可能的. 只有当总体是正态总体（即总体 X 服从正态分布）时，一些常用统计量的分布才比较容易得到. 本节我们先介绍数理统计中常用的三类分布——χ^2 分布、t 分布、F 分布，然后给出正态总体的一些统计量的分布.

一、分位数

定义1 设随机变量 X 的分布函数为 $F(x)$，对给定的实数 $\alpha(0<\alpha<1)$，若实数 F_α 满足

$$P\{X>F_\alpha\}=\alpha,$$

则称 F_α 为随机变量 X 分布的水平 α 的**上侧分位数**. 若实数 $T_{\frac{\alpha}{2}}$ 满足

$$P\{|X|>T_{\frac{\alpha}{2}}\}=\alpha,$$

则称 $T_{\frac{\alpha}{2}}$ 为随机变量 X 分布的水平 α 的**双侧分位数**.

二、χ^2 分布

定义2 设 X_1，X_2，$\cdots$，X_n 是来自总体 $N(0,1)$ 的样本，则称统计量

$$\chi^2=X_1^2+X_2^2+\cdots+X_n^2$$

服从自由度为 n 的 χ^2 分布，记为 $\chi^2\sim\chi^2(n)$.

所谓自由度是指上述统计量右端所包含的独立变量的个数.

$\chi^2(n)$ 分布的概率密度函数为

$$f(x)=\begin{cases}\dfrac{1}{2^{\frac{n}{2}}\Gamma\left(\dfrac{n}{2}\right)}x^{\frac{n}{2}-1}\mathrm{e}^{-\frac{x}{2}} & x>0,\\ 0 & x\leqslant 0,\end{cases}$$

其中 $\Gamma(\cdot)$ 为 Γ(Gamma) 函数，其定义为

$$\Gamma(s)=\int_0^{+\infty}t^{s-1}\mathrm{e}^t\mathrm{d}t.$$

χ^2 分布的图形如图 6-1 所示.

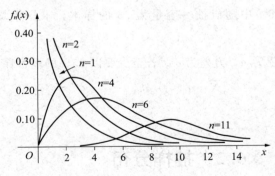

图 6-1　χ^2 分布的概率密度 $f(x)$

从图中可以看到，自由度 n 越大，密度函数图形越呈对称趋势.

下面我们来研究 χ^2 分布的一些性质：

(1) χ^2 分布的数学期望和方差：

若 $\chi^2\sim\chi^2(n)$，则有 $E(\chi^2)=n$，$D(\chi^2)=2n$.

证明 由 χ^2 分布的定义可知

$$E(\chi^2) = E\Big(\sum_{i=1}^{n} X_i^2\Big) = \sum_{i=1}^{n} D(X_i) = n.$$

$$D(\chi^2) = D\Big(\sum_{i=1}^{n} X_i^2\Big) = \sum_{i=1}^{n} D(X_i^2) = \sum_{i=1}^{n} \{E(X_i^4) - [E(X_i^2)]^2\}$$

$$= \sum_{i=1}^{n} (3-1) = 2n.$$

(2) χ^2 分布的可加性：

若 $X \sim \chi^2(n_1)$，$Y \sim \chi^2(n_2)$，且 X 与 Y 相互独立，则 $X+Y \sim \chi^2(n_1+n_2)$. 进一步，若 X_1，X_2，$\cdots$，X_k 相互独立，都服从 χ^2 分布，自由度相应为 n_1，n_2，$\cdots$，n_k，则 $X_1+X_2+\cdots+X_k$ 服从自由度为 $n_1+n_2+\cdots+n_k$ 的 χ^2 分布，称为 χ^2 分布的可加性.

(3) χ^2 分布的分位数：

设 $\chi^2 \sim \chi^2(n)$，对于给定的正数 α，$0 < \alpha < 1$，我们称满足条件

$$P\{\chi^2 > \chi_\alpha^2(n)\} = \int_{\chi_\alpha^2(n)}^{+\infty} f(x)\mathrm{d}x = \alpha$$

的数 $\chi_\alpha^2(n)$ 为 $\chi^2(n)$ 分布的水平 α 的上侧分位数，如图 6-2 所示. 对于不同的 α 和 n，可以通过查询附录中的 χ^2 分布表得到分位数.

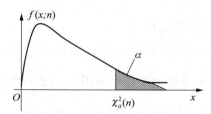

图 6-2 $\chi^2(n)$ 分布的上 α 分位数

例如对于 $\alpha = 0.05$，$n = 15$，查得 $\chi_{0.05}^2(15) = 24.996$.

当 n 充分大时，χ^2 分布近似为正态分布，有

$$\chi_\alpha^2(n) \approx \frac{1}{2}(z_\alpha + \sqrt{2n-1})^2,$$

其中 z_α 是标准正态分布的水平 α 的上侧分位数.

例如，$\chi_{0.05}^2(85) \approx \frac{1}{2}(z_\alpha + \sqrt{2 \times 85 - 1})^2 = \frac{1}{2}(1.645 + \sqrt{169})^2 = 107.238$.

三、t 分布

定义 3 设随机变量 X 服从标准正态分布 $N(0,1)$，Y 服从自由度 n 的 χ^2 分布，且 X 与 Y 相互独立，则随机变量

$$t = \frac{X}{\sqrt{Y/n}}$$

服从自由度为 n 的 t 分布。记为 $t \sim t(n)$。

t 分布的概率密度函数为

$$f(t) = \frac{\Gamma[(n+1)/2]}{\sqrt{\pi n}\,\Gamma(n/2)}\left(1+\frac{t^2}{n}\right)^{-(n+1)/2}, -\infty < t < \infty,$$

其图形如图 6-3 所示。

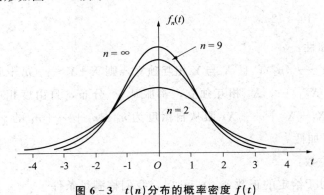

图 6-3 $t(n)$ 分布的概率密度 $f(t)$

下面我们来研究 t 分布的一些性质：

(1) t 分布的数学期望和方差：

若 $t \sim t(n)$，则有 $E(t)=0$，$D(t)=\dfrac{n}{n-2}$ $(n>2)$。

(2) t 分布的图形特点：

$f(t)$ 的图形关于 y 轴对称，且 $\lim\limits_{t\to\infty} f(t)=0$。当 n 充分大时，其图形类似于标准正态分布概率密度的图形。利用 Γ 函数的性质可得 $\lim\limits_{n\to\infty} f(t)=\dfrac{1}{\sqrt{2\pi}}\mathrm{e}^{-t^2/2}$。故当 n 足够大时，t 分布近似于 $N(0,1)$ 分布。但对于较小的 n，t 分布与 $N(0,1)$ 分布相差较大。

(3) t 分布的分位数：

设 $T \sim t(n)$ 对于给定的正数 α，$0<\alpha<1$，称满足条件

$$p\{t > t_\alpha(n)\} = \int_{t_\alpha(n)}^{+\infty} f(t)\mathrm{d}t = \alpha$$

的数 $t_\alpha(n)$ 为 $t(n)$ 分布的水平 α 的上侧分位数。若存在实数 $t_{\frac{\alpha}{2}}$ 满足

$$P\{|t| > T_{\frac{\alpha}{2}}\} = \alpha,$$

则称 $T_{\frac{\alpha}{2}}$ 为随机为 $t(n)$ 分布的水平 α 的**双侧分位数**。

t 分布的水平 α 的上侧分位数可通过查附录中的 t 分布表得到。

由 t 分布的水平 α 的上侧分位数的定义及 $f(t)$ 图形（如图 6-4 所示）的对称性知

$$t_{1-\alpha}(n) = -t_\alpha(n).$$

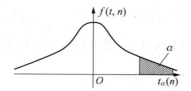

图 6-4 $t(n)$分布的上 α 分位数

在 $n>45$ 时，对于常用的值，可用正态分布近似：$t_\alpha(n) \approx z_\alpha$.

四、F 分布

定义 4 设 X 服从自由度为 n_1 的 χ^2 分布，Y 服从自由度为 n_2 的 χ^2 分布且 X,Y 相互独立，则称随机变量

$$F = \frac{X/n_1}{Y/n_2}$$

服从自由度为 (n_1, n_2) 的 F 分布，n_1 称为第一自由度，n_2 称为第二自由度，记为 $F \sim F(n_1, n_2)$. $F(n_1, n_2)$ 分布的概率密度为

$$f(x) = \begin{cases} \dfrac{\Gamma\left(\dfrac{n_1+n_2}{2}\right)}{\Gamma\left(\dfrac{n_1}{2}\right)\Gamma\left(\dfrac{n_2}{2}\right)} \left(\dfrac{n_1}{n_2}\right) \left(\dfrac{n_1}{n_2}x\right)^{\frac{n_1}{2}-1} \left(1+\dfrac{n_1}{n_2}x\right)^{-\frac{n_1+n_2}{2}}, & x>0, \\ 0, & x \leqslant 0, \end{cases}$$

其图形如图 6-5 所示.

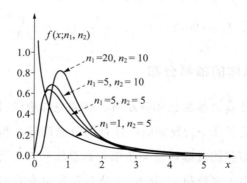

图 6-5 $F(n_1, n_2)$ 分布的概率密度 $f(x)$

下面我们来研究 F 分布的一些性质：

(1) 若 $F \sim F(n_1, n_2)$，则 $\dfrac{1}{F} \sim F(n_2, n_1)$.

(2) 若 $X \sim t(n)$，则 $X^2 \sim F(1, n)$.

(3) F 分布的上 α 分位数：

设 $F \sim F(n_1, n_2)$，对于给定的 α，$0 < \alpha < 1$，称满足条件

$$P\{F > F_\alpha(n_1, n_2)\} = \int_{F_\alpha(n_1, n_2)}^{\infty} f(x; n_1, n_2) dx = \alpha$$

的数 $F_\alpha(n_1, n_2)$ 为 $F(n_1, n_2)$ 分布的水平 α 的上侧分位数, 如图 6-6 所示.

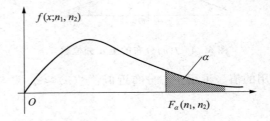

图 6-6 $F(n_2, n_1)$ 分布的上 α 分位数

F 分布的水平 α 的上侧分位数具有如下重要性质:

$$F_\alpha(n_1, n_2) = \frac{1}{F_{1-\alpha}(n_2, n_1)}.$$

证明
$$P\left\{F \geqslant \frac{1}{F_{1-\alpha}(n_2, n_1)}\right\} = P\left\{\frac{1}{F} \leqslant F_{1-\alpha}(n_2, n_1)\right\}$$
$$= 1 - P\left\{\frac{1}{F} > F_{1-\alpha}(n_2, n_1)\right\}$$
$$= 1 - (1 - \alpha) = \alpha.$$

F 分布的水平 α 的上侧分位数可以查寻附录中 F 分布表求得. 但若遇到表中未列出的水平 α 的上侧分位数, 则可用上式进行简单的转换即可得到.

例如, 用 F 分布表可以直接得到 $F_{0.05}(25, 30) = 1.92$, $F_{0.01}(20, 7) = 3.70$, 但若求 $F_{0.95}(20, 15)$, 则可按下式计算:

$$F_{0.95}(20, 15) = \frac{1}{F_{0.05}(15, 20)} = \frac{1}{2.33} = 0.429.$$

五、正态总体的抽样分布

当用统计量去推断总体分布时, 必须先知道统计量的分布. 本节前面几部分我们讨论了几个较复杂的统计量的分布问题, 得到了 χ^2 分布、t 分布和 F 分布. 下面我们继续讨论关于单正态总体和双正态总体的几个统计量的分布问题, 其中大多数和 χ^2 分布、t 分布和 F 分布有密切关系.

首先给出单个正态总体统计量的分布的相关结论.

定理 1 设总体 $X \sim N(\mu, \sigma^2)$, $X_1, X_2, \cdots, X_n$ 是来自总体 X 的一个样本, $\overline{X}$ 与 S^2 分别为该样本的样本均值和样本方差, 则有

(1) 统计量 $\overline{X} \sim N(\mu, \sigma^2/n)$;

(2) 统计量 $\dfrac{\overline{X} - \mu}{\sigma/\sqrt{n}} \sim N(0, 1)$;

(3) 统计量 $\chi^2 = \dfrac{1}{\sigma^2} \sum\limits_{i=1}^{n} (X_i - \mu)^2 \sim \chi^2(n)$；

(4) 统计量 $\chi^2 = \dfrac{1}{\sigma^2}(n-1)S^2 = \dfrac{1}{\sigma^2} \sum\limits_{i=1}^{n} (X_i - \overline{X})^2 \sim \chi^2(n-1)$；

(5) 统计量 $t = \dfrac{\overline{X} - \mu}{S/\sqrt{n}} \sim t(n-1)$；

(6) 样本均值 $\overline{X}$ 与样本方差 S^2 独立.

证明

(1) §6.1 中定理已给出结果.

(2) 将 $\overline{X}$ 标准化即得结论.

(3) 因 $X_i \sim N(\mu, \sigma^2)$，所以

$$\dfrac{X_i - \mu}{\sigma} \sim N(0,1),$$

又因 $X_1, X_2, \cdots, X_n$ 相互独立，所以

$$\dfrac{X_1 - \mu}{\sigma}, \dfrac{X_2 - \mu}{\sigma}, \cdots, \dfrac{X_n - \mu}{\sigma}$$

也相互独立.

于是由 χ^2 分布的定义可得

$$\dfrac{1}{\sigma^2} \sum_{i=1}^{n} (X_i - \mu)^2 \sim \chi^2(n).$$

(4) 证明略.

(5) $\dfrac{\overline{X} - \mu}{\sigma/\sqrt{n}} \sim N(0, 1)$，$\dfrac{(n-1)S^2}{\sigma^2} \sim \chi^2(n-1)$ 且两者相互独立.

由 t 分布的定义知

$$\left(\dfrac{\overline{X} - \mu}{\sigma/\sqrt{n}} \right) \bigg/ \sqrt{\dfrac{(n-1)S^2}{(n-1)\sigma^2}} \sim t(n-1)$$

化简上式左边，即得

$$t = \dfrac{\overline{X} - \mu}{S/\sqrt{n}} \sim t(n-1).$$

(6) 此结论证明复杂，有兴趣的读者可参阅相关文献.

例 设正态总体 $X \sim N(\mu, \sigma^2)$，$X_1, X_2, \cdots, X_n$ 是来自总体 X 的一个样本，问样本容量 n 取多大才能使 $P\left\{\dfrac{S^2}{\sigma^2} \leqslant 1.5\right\} \geqslant 0.95$.

解 $X \sim N(\mu, \sigma^2)$，样本容量为 n，则由定理 1 得

$$\dfrac{1}{\sigma^2}(n-1)S^2 \sim \chi^2(n-1),$$

$$P\left\{\frac{S^2}{\sigma^2}\leqslant 1.5\right\}=P\left\{\frac{1}{\sigma^2}(n-1)S^2\leqslant 1.5\times(n-1)\right\}\geqslant 0.95,\text{即}$$

$$P\left\{\frac{1}{\sigma^2}(n-1)S^2>1.5\times(n-1)\right\}<0.05,$$

由 χ^2 分布的上侧分位数,

$$P\left\{\frac{1}{\sigma^2}(n-1)S^2>\chi^2_{0.05}(n-1)\right\}=0.05,$$

比较两式,结合 χ^2 分布密度的图形得

$$1.5\times(n-1)>\chi^2_{0.05}(n-1),$$

查 χ^2 分布表得 $n\geqslant 27$.

现在给出双正态总体统计量的分布的相关结论.

定理 2 设 $X\sim N(\mu_1,\sigma_1^2)$ 与 $Y\sim N(\mu_2,\sigma_2^2)$ 是两个相互独立的正态总体,$X_1,X_2,\cdots,X_{n_1}$ 是来自正态总体 X 的样本,$Y_1,Y_2,\cdots,Y_{n_2}$ 是来自正态总体 Y 的样本,$\overline{X}$ 与 $\overline{Y}$ 分别是两个样本的样本均值,S_1^2 与 S_2^2 分别是两个样本的样本方差,记 $S_w^2=\dfrac{(n_1-1)S_1^2+(n_2-1)S_2^2}{n_1+n_2-2}$,则有:

(1) 统计量 $Z=\overline{X}-\overline{Y}\sim N\left(\mu_1-\mu_2,\dfrac{\sigma_1^2}{n_1}+\dfrac{\sigma_2^2}{n_2}\right)$;

(2) 统计量 $U=\dfrac{(\overline{X}-\overline{Y})-(\mu_1-\mu_2)}{\sqrt{\sigma_1^2/n_1+\sigma_2^2/n_2}}\sim N(0,1)$;

(3) 若 $\sigma_1^2=\sigma_2^2=\sigma^2$,统计量

$$U=\frac{(\overline{X}-\overline{Y})-(\mu_1-\mu_2)}{\sigma\sqrt{1/n_1+1/n_2}}\sim N(0,1);$$

(4) 若 σ^2 未知但是 $\sigma_1^2=\sigma_2^2$,统计量

$$T=\frac{(\overline{X}-\overline{Y})-(\mu_1-\mu_2)}{S_w\sqrt{1/n_1+1/n_2}}\sim t(n_1+n_2-2);$$

(5) 统计量 $F=\dfrac{S_1^2/S_2^2}{\sigma_1^2/\sigma_2^2}\sim F(n_1-1,n_2-1)$.

本章所介绍的定理结论均是在已知总体为正态分布的这一基本假设下得到的,它们是数理统计的基础,在后续的参数估计和假设检验中起着重要的作用.

习题 6.2

1. 设 $\alpha=0.05$,求标准正态分布的水平 0.05 的上侧分位数和双侧分位数.
2. 设总体 $X\sim N(0,1)$,$X_1,X_2,\cdots,X_6$ 为来自总体 X 的一个样本,设

$$Y=(X_1+X_2+X_3)^2+(X_4+X_5+X_6)^2,$$

问当 C 取何值时 CY 服从 χ^2 分布.

3. 设总体 $X \sim N(0,1)$，X_1，X_2，$\cdots$，X_n 为总体的一个样本，试求下列统计量各服从什么分布？

(1) $\dfrac{X_1-X_2}{\sqrt{X_3^2+X_4^2}}$； (2) $\dfrac{\sqrt{n-1}\,X_1}{\sqrt{X_2^2+X_3^2+\cdots+X_n^2}}$.

4. 设 X_1，X_2，$\cdots$，X_{16} 及 Y_1，Y_2，$\cdots$，Y_{25} 分别是取自两个独立总体 $N(0,16)$ 及 $N(1,9)$ 的样本，以 $\overline{X}$ 和 $\overline{Y}$ 分别表示两个样本均值，求 $P\{|\overline{X}-\overline{Y}|>1\}$.

本章小结

本章知识要点

总体　样本　简单随机样本　样本的联合概率分布与概率密度　统计量　常用的统计量(样本均值、样本方差等)　抽样分布　分位数　χ^2 分布　t 分布　F 分布

本章常用结论

1. 关于样本 $X_1,X_2,\cdots,X_n$ 的联合概率分布与概率密度

(1)若 X 是离散型随机变量,具有概率分布 $P\{X=x_i\}=p(x_i)$,则样本的联合概率分布为

$$P\{X_1=x_1,X_2=x_2,\cdots,X_n=x_n\}=\prod_{i=1}^{n}P\{X_i=x_i\}=\prod_{i=1}^{n}p(x_i).$$

(2)若 X 是连续型随机变量且具有概率密度 $f(x)$,则样本的联合概率密度为

$$f(x_1,x_2,\cdots,x_n)=\prod_{i=1}^{n}f(x_i).$$

2. 常用的统计量

(1)样本均值: $\bar{X}=\dfrac{1}{n}\sum\limits_{i=1}^{n}X_i.$

(2)样本方差: $S^2=\dfrac{1}{n-1}\sum\limits_{i=1}^{n}(X_i-\bar{X})^2.$

(3)样本标准差: $S=\sqrt{S^2}=\sqrt{\dfrac{1}{n-1}\sum\limits_{i=1}^{n}(X_i-\bar{X})^2}.$

(4)样本 k 阶原点矩: $A_k=\dfrac{1}{n}\sum\limits_{i=1}^{n}X_i^k\quad(k=1,2,\cdots).$

(5)样本 k 阶中心矩: $B_k=\dfrac{1}{n}\sum\limits_{i=1}^{n}(X_i-\bar{X})^k\quad(k=2,3,\cdots).$

3. 常用的统计分布

(1)χ^2 分布.

$\chi^2(n)$ 分布的概率密度函数为

$$f(x)=\begin{cases}\dfrac{1}{2^{\frac{n}{2}}\Gamma\left(\dfrac{n}{2}\right)}x^{\frac{n}{2}-1}\mathrm{e}^{-\frac{x}{2}},&x>0,\\ 0,&x\leqslant 0.\end{cases}$$

(2) t 分布.

t 分布的概率密度函数为

$$f(t) = \frac{\Gamma[(n+1)/2]}{\sqrt{\pi n}\,\Gamma(n/2)}\left(1+\frac{t^2}{n}\right)^{-(n+1)/2} \quad (-\infty < t < \infty).$$

(3) F 分布.

$F(n_1, n_2)$ 分布的概率密度为

$$f(x) = \begin{cases} \dfrac{\Gamma\left(\dfrac{n_1+n_2}{2}\right)}{\Gamma\left(\dfrac{n_1}{2}\right)\Gamma\left(\dfrac{n_2}{2}\right)}\left(\dfrac{n_1}{n_2}\right)\left(\dfrac{n_1}{n_2}x\right)^{\frac{n_1}{2}-1}\left(1+\dfrac{n_1}{n_2}x\right)^{-\frac{n_1+n_2}{2}}, & x > 0, \\ 0, & x \leqslant 0. \end{cases}$$

4. 关于统计量的重要结论(一个正态总体情形, $X \sim N(\mu, \sigma^2)$)

(1) $E(\overline{X}) = E(X)$.

(2) $D(\overline{X}) = \dfrac{1}{n}D(X)$.

(3) $\overline{X} \sim N(\mu, \sigma^2/n)$.

(4) $\dfrac{\overline{X}-\mu}{\sigma/\sqrt{n}} \sim N(0, 1)$.

(5) $\chi^2 = \dfrac{1}{\sigma^2}\sum_{i=1}^{n}(X_i - \mu)^2 \sim \chi^2(n)$.

(6) $\chi^2 = \dfrac{1}{\sigma^2}(n-1)S^2 = \dfrac{1}{\sigma^2}\sum_{i=1}^{n}(X_i - \overline{X})^2 \sim \chi^2(n-1)$.

(7) $t = \dfrac{\overline{X}-\mu}{S/\sqrt{n}} \sim t(n-1)$.

总习题六

1. 设总体 X 服从参数为 λ 的泊松分布，X_1，X_2，…，X_n 为一个样本，求 $E(\overline{X})$ 和 $D(\overline{X})$.

2. 设 X_1，X_2，X_3，X_4 是取自正态总体 $X \sim N(0，2^2)$ 的简单随机样本，且
$$Y = a(X_1 - 2X_2)^2 - b(3X_1 - 4X_2)^2,$$
则 a，b 分别为何值时，统计量 Y 服从 χ^2 分布，其自由度是多少？

3. 设 X_1，X_2 是来自 $N(0，\sigma^2)$ 的样本，试求 $Y = \left(\dfrac{X_1 + X_2}{X_1 - X_2}\right)^2$ 的分布.

4. 设样本 $X_1, X_2, \cdots, X_7$ 来自总体 $X \sim N(0, 0.5^2)$，求 $P\left\{\sum_{i=1}^{7} X_i^2 > 4\right\}$.

5. 设总体 $X \sim N(\mu, 5^2)$，从总体中抽取一个容量为 16 的样本，求 $|\overline{X} - \mu| < 2$ 的概率.

6. 已知 $X \sim t(n)$，证明：$X^2 \sim F(1, n)$.

7. 设在总体 $X \sim N(\mu, \sigma^2)$ 中抽取一容量为 16 的样本，这里 μ，σ^2 均为未知.
(1) 求 $P\{S^2/\sigma^2 \leqslant 2.041\}$，其中 S^2 为样本方差；(2) 求 $D(S^2)$.

8. 设 X_1，X_2，…，X_n 及 Y_1，Y_2，…，Y_n 分别取自总体 $X \sim N(\mu_1, \sigma^2)$ 和 $Y \sim N(\mu_2, \sigma^2)$ 且相互独立，则下列统计量各服从什么分布？
(1) $\dfrac{(n-1)(S_1^2 + S_2^2)}{\sigma^2}$；   (2) $\dfrac{n[(\overline{X} - \overline{Y}) - (\mu_1 - \mu_2)]^2}{S_1^2 + S_2^2}$.

9. 从一正态总体中抽取容量为 10 的样本，设样本均值与总体均值之差的绝对值在 4 以上的概率为 0.02，求总体的标准差.

10. 假设随机变量 F 服从分布 $F(5, 10)$，求 λ 的值，使其满足 $P\{F \geqslant \lambda\} = 0.95$.

第七章 参数估计

数理统计的基本问题就是根据样本所提供的信息，对总体的分布或分布的参数等进行统计推断．统计推断有两个主要问题：一个是参数估计；另一个是假设检验．本章我们先来讨论参数估计的相关内容．

§7.1 点估计

在我们处理许多实际问题时，总体的概率分布类型是已知的，但其中一个或多个参数是未知的．例如，某种型号的电子产品的使用寿命服从指数分布，但参数 λ 是未知的；某班学生的数学成绩服从正态分布，但均值 μ、方差 σ^2 是未知的．我们如何利用得到的总体 X 的样本 $X_1, X_2, \cdots, X_n$ 估计这些参数，就是这章我们要讨论的参数估计问题．

参数估计分为两类：一类是点估计，它的主要思想是用一个估计量 $\hat{\theta}$ 作为未知参数 θ 的估计值；另一类是区间估计，它的基本思路是用两个估计量 $\hat{\theta}_1$，$\hat{\theta}_2$ 来估计未知参数 θ 的范围，并要以较大的概率保证 θ 位于 $\hat{\theta}_1 \sim \hat{\theta}_2$．下面我们来讨论有关点估计的问题．

一、点估计的概念

先看下面一个例子．

例1 从某机床生产出来的一批零件中随机抽取 10 只，测得其长度（单位：cm）为：

$$12.03, 12.25, 11.95, 12.10, 12.05,$$
$$11.92, 12.08, 12.09, 11.90, 12.12,$$

试求这批零件长度均值的估计值．

解 由于估计的是总体均值，一个很自然的想法就是用样本均值来估计总体的均值 $E(X)$．

$$\overline{X} = \frac{1}{n}(X_1 + X_2 + \cdots + X_n)$$

$$= \frac{1}{10}(12.03 + 12.25 + 11.95 + 12.10 + 12.05 + 11.92 + 12.08 + 12.09 + 11.90 + 12.12)$$

$=12.05$.

故总体长度均值的估计值为 12.05.

类似地,我们也可以用适当的统计量去求这批零件方差的估计值.

点估计问题的一般提法如下:

设总体 X 的分布函数 $F(x;\theta)$ 形式为已知,但它的一个或多个参数为未知,θ 表示未知参数. $X_1, X_2, \cdots, X_n$ 是总体 X 的一个样本,$x_1, x_2, \cdots, x_n$ 为相应的一个观察值,点估计问题就是要构造一个适当的统计量 $\hat{\theta}(X_1, X_2, \cdots, X_n)$,用它的观察值去估计未知参数 θ 的值. $\hat{\theta} = \hat{\theta}(X_1, X_2, \cdots, X_n)$ 称为 θ 的点估计量,其观测值 $\hat{\theta} = \hat{\theta}(x_1, x_2, \cdots, x_n)$ 称为 θ 的点估计值.

本节我们介绍两种常用的点估计方法:矩估计法和极大似然估计法.

二、矩估计法

对于估计未知参数 θ,很容易想到的思路就是用样本矩作为相应的总体矩的估计量,这就是矩估计法的基本思想. 求矩估计量不需要事先知道总体的分布,而且计算相对简单.

设总体 X 的分布函数为 $F(x;\theta_1, \theta_2, \cdots, \theta_k)$,其中 $\theta_1, \theta_2, \cdots, \theta_k$ 为未知参数,且 X 的前 k 阶原点矩存在(未知),用矩估计求未知参数方法如下:

(1) 求出总体的前 k 阶原点矩:
$$E(X^j) \quad (j=1,2,\cdots,k).$$
需要注意的是,$E(X^j)$ 中包含未知参数 $\theta_1, \theta_2, \cdots, \theta_k$;

(2) 建立如下方程组:
$$\begin{cases} A_1 = \dfrac{1}{n}\sum_{i=1}^n X_i = E(X), \\ A_2 = \dfrac{1}{n}\sum_{i=1}^n X_i^2 = E(X^2), \\ \quad \cdots\cdots \\ A_k = \dfrac{1}{n}\sum_{i=1}^n X_i^k = E(X^k), \end{cases}$$

这是一个含 k 个方程、k 个未知量的方程组;

(3) 解关于 $\theta_1, \theta_2, \cdots, \theta_k$ 的方程组得到参数的矩估计量
$$\begin{cases} \hat{\theta}_1 = \hat{\theta}_1(X_1, X_2, \cdots, X_n), \\ \hat{\theta}_2 = \hat{\theta}_2(X_1, X_2, \cdots, X_n), \\ \quad \cdots\cdots \\ \hat{\theta}_k = \hat{\theta}_k(X_1, X_2, \cdots, X_n), \end{cases}$$

(4) 由样本值 $x_1, x_2, \cdots, x_n$,算得 $\hat{\theta}_j$ 的观测值作为 θ_i 的矩估计值.

这种求未知参数的点估计的方法叫作**矩估计**,矩估计求得的估计量叫作**矩估计量**,对应的观测值叫作**矩估计值**.

例 2 设总体 X 的概率密度为

$$p(x;\theta)=\begin{cases}\dfrac{1}{\theta}, & 0\leqslant x\leqslant \theta,\\ 0, & \text{其他},\end{cases}$$

X_1,X_2,$\cdots$,X_n 是取自 X 的一组样本,求未知参数 θ 的矩估计量.

解 计算总体均值

$$E(X)=\int_0^\theta x\cdot\frac{1}{\theta}\mathrm{d}x=\frac{\theta}{2},$$

按矩估计法,用样本均值代替总体均值,所以有

$$\frac{\theta}{2}=\overline{X},$$

即

$$\hat\theta=2\overline{X}.$$

例 3 设总体 X 的均值 μ 及方差 σ^2 都存在,但 μ,σ^2 均为未知,X_1,X_2,$\cdots$,X_n 是取自 X 的样本,试求 μ,σ^2 的矩估计量.

解 (1)因为有两个未知参数 μ 和 σ^2,需要计算总体的前两阶原点矩.

$$\begin{cases}E(X)=\mu,\\ E(X^2)=D(X)+[E(X)]^2=\sigma^2+\mu^2,\end{cases}\text{令}\begin{cases}A_1=\overline{X},\\ A_2=\dfrac{1}{n}\sum_{i=1}^n X_i^2;\end{cases}$$

(2) 令 $\begin{cases}\mu=\overline{X},\\ \sigma^2+\mu^2=\dfrac{1}{n}\sum_{i=1}^n X_i^2;\end{cases}$

(3)解得 μ,σ^2 的矩估计量

$$\begin{cases}\hat\mu=\overline{X},\\ \hat\sigma^2=\dfrac{1}{n}\sum_{i=1}^n(X_i-\overline{X})^2.\end{cases}$$

这个例子的结果表明:无论何种总体,只要总体的均值方差存在,则其均值与方差的矩估计量的表达式相同,$\hat\mu=\overline{X}$,$\hat\sigma^2=\dfrac{1}{n}\sum_{i=1}^n(X_i-\overline{X})^2$,即样本均值是总体均值的矩估计量,样本的二阶中心矩是总体方差的矩估计量.

矩估计法直观、简便,特别是在估计总体均值和方差时不需要知道总体的分布.但是,此方法也有不足之处.首先,它要求总体各阶原点矩都存在,否则不能使用.其次,矩估计法常常没有用到总体分布函数所提供的信息,其结果的精确度很难得到保证.

三、极大似然估计法

在总体分布类型已知条件下，极大似然估计法是一种极其重要的点估计方法．这种方法的思想来源于一条简单直观的原理：概率最大的事件最有可能发生．一个随机试验有若干种可能结果 A，B，C，$\cdots$，若在一次试验中结果 A 出现，则一般认为 A 出现的概率最大．例如，袋中有黑球和红球共 100 个，已知有一种球只有一个．从袋中任取一球，发现是红球，则一般会猜测 100 个球中有 99 个红球 1 个黑球．这种推测的合理性蕴含了极大似然估计的思想，即在一次试验中出现的事件，我们认为它发生的概率最大．

下面我们对离散型总体和连续型总体分别进行讨论．

(1) 离散型总体的情形．

设总体 X 为离散型随机变量，其概率分布为 $P\{X=x\}=p(x;\theta)$，θ 为未知参数．设 X_1，X_2，$\cdots$，X_n 是来自总体 X 的样本，那么 X_1，X_2，$\cdots$，X_n 的联合分布律为

$$P\{X_1=x_1, X_2=x_2, \cdots, X_n=x_n\} = \prod_{i=1}^{n} p(x_i;\theta).$$

当样本值 x_1，x_2，$\cdots$，x_n 给定时，此联合分布律可看成关于 θ 的函数，我们将其记为 $L(\theta)$，即

$$L(\theta) = L(x_1, x_2, \cdots, x_n; \theta) = \prod_{i=1}^{n} p(x_i;\theta),$$

称之为**似然函数**．显然，似然函数 $L(\theta)$ 的值的大小表示样本值 x_1，x_2，$\cdots$，x_n 出现的可能性的大小，现已取得了样本值 x_1，x_2，$\cdots$，x_n，那么我们有理由认为样本值为 x_1，x_2，$\cdots$，x_n 时似然函数的值应该最大，所以我们选择使 $L(\theta)$ 达到最大值的 θ 作为未知参数 θ 的估计量．

(2) 连续型总体情形．

设总体 X 为连续型随机变量，其概率密度 $f(x;\theta)$ 的形式已知，θ 为未知参数．设 X_1，X_2，$\cdots$，X_n 是来自总体 X 的样本，则 X_1，X_2，$\cdots$，X_n 的联合密度为

$$\prod_{i=1}^{n} f(x_i;\theta).$$

类似于离散型情形的讨论，我们可以定义似然函数为

$$L(\theta) = L(x_1, x_2, \cdots, x_n; \theta) = \prod_{i=1}^{n} f(x_i;\theta).$$

其中 x_1，x_2，$\cdots$，x_n 是相应于样本 X_1，X_2，$\cdots$，X_n 的一个样本值．同样，当样本值 x_1，x_2，$\cdots$，x_n 给定时，我们选择使 $L(\theta)$ 达到最大值的 $\hat{\theta}$ 作为未知参数 θ 的估计量．

综上所述，无论总体是离散型还是连续型，对于固定样本观察值 x_1, $x_2, \cdots, x_n$，我们都选取使似然函数 $L(\theta)$ 取得最大值的参数值 θ 作为参数 θ 的估计量，这种方法就叫作**极大似然估计法**. 用这种方法得到的估计量 $\hat{\theta}$ 与样本值 $x_1, x_2, \cdots, x_n$ 有关，$\hat{\theta}(x_1, x_2, \cdots, x_n)$ 称为参数 θ 的**极大似然估计值**，而相应的统计量 $\hat{\theta}(X_1, X_2, \cdots, X_n)$ 称为参数 θ 的**极大似然估计量**.

由似然函数的定义形式，很容易可看出，确定似然估计量的问题可归结为求似然函数最大值的问题. 在实际的计算中，由于 $\ln x$ 是 x 的增函数，所以 $\ln L(\theta)$ 与 $L(\theta)$ 有相同的最大值点（如果 $L(\theta)$ 有最大值的话）. 运用微积分的知识即可求出 $\ln L(\theta)$ 的最大值，故可将极大似然估计法的一般步骤总结如下：

(1) 写出样本的似然函数 $L(\theta)=L(x_1, x_2, \cdots, x_n; \theta)$；

(2) 取对数计算 $\ln L(\theta)$；

(3) 求 $\ln L(\theta)$ 的偏导数，令 $\dfrac{\partial \ln L(\theta)}{\partial \theta}=0$，求出驻点；

(4) 判断并求出最大值点，将样本值代入既得参数的极大似然估计值.

例 4 设 $X \sim B(1, p)$，$X_1, X_2, \cdots, X_n$ 是取自总体 X 的一个样本，试求参数 p 的极大似然估计.

解 设 $x_1, x_2, \cdots, x_n$ 是 $X_1, X_2, \cdots, X_n$ 的一个样本值，X 的分布律为
$$P\{X=x\} = p^x(1-p)^{1-x}, x=0,1,$$
故似然函数为
$$L(p) = \prod_{i=1}^{n} P\{x=x_i\} = p^{\sum_{i=1}^{n}x_i}(1-p)^{n-\sum_{i=1}^{n}x_i},$$
$$\ln L(p) = \left(\sum_{i=1}^{n}x_i\right)\ln p + \left(n-\sum_{i=1}^{n}x_i\right)\ln(1-p),$$
令
$$\frac{\mathrm{d}}{\mathrm{d}p}\ln L(p) = \frac{\sum_{i=1}^{n}x_i}{p} - \frac{n-\sum_{i=1}^{n}x_i}{1-p} = 0,$$
解得 p 的极大似然估计值
$$\hat{p} = \frac{1}{n}\sum_{i=1}^{n}x_i = \bar{x},$$
从而 p 的极大似然估计量
$$\hat{p} = \frac{1}{n}\sum_{i=1}^{n}X_i = \overline{X}.$$

例 5 设总体 X 服从指数分布，其概率密度函数
$$f(x,\lambda) = \begin{cases} \lambda e^{-\lambda x}, & x>0, \\ 0, & x \leqslant 0, \end{cases}$$

其中 $\lambda > 0$，是未知参数．$x_1, x_2, \cdots, x_n$ 是来自总体 X 的样本观察值，求参数 λ 的极大似然估计值．

解 构造似然函数为

$$L(x_1, x_2, \cdots, x_n; \lambda) = \begin{cases} \lambda^n e^{-\lambda \sum_{i=1}^n x_i}, & x_i > 0, \\ 0 & \text{其他}. \end{cases}$$

显然，$L(x_1, x_2, \cdots, x_n; \lambda)$ 的最大值点一定是 $L_1(x_1, x_2, \cdots, x_n; \lambda) = \lambda^n e^{-\lambda \sum_{i=1}^n x_i}$ 的最大值点，对其取对数得

$$\ln L_1(x_1, x_2, \cdots, x_n; \lambda) = n \ln \lambda - \lambda \sum_{i=1}^n x_i,$$

令

$$\frac{d \ln L_1(x_1, x_2, \cdots, x_n; \lambda)}{d \lambda} = \frac{n}{\lambda} - \sum_{i=1}^n x_i = 0,$$

可得参数 λ 的极大似然估计值

$$\hat{\lambda} = \frac{n}{\sum_{i=1}^n x_i} = \frac{1}{\bar{x}}.$$

例 6 设 $X \sim N(\mu, \sigma^2)$，μ, σ^2 未知，$x_1, x_2, \cdots, x_n$ 是取自 X 的一组样本观测值，求 μ, σ^2 的极大似然估计量．

解 X 的概率密度为

$$f(x; \mu, \sigma^2) = \frac{1}{\sqrt{2\pi}\sigma} \exp\left[-\frac{1}{2\sigma^2}(x-\mu)^2\right].$$

似然函数为

$$L(x_1, x_2, \cdots, x_n; \mu, \sigma^2) = \prod_{i=1}^n \frac{1}{\sqrt{2\pi}\sigma} \exp\left[-\frac{1}{2\sigma^2}(x_i-\mu)^2\right],$$

$$= (2\pi)^{-n/2} (\sigma^2)^{-n/2} \exp\left[-\frac{1}{2\sigma^2} \sum_{i=1}^n (x_i-\mu)^2\right],$$

取对数得

$$\ln L(x_1, x_2, \cdots, x_n; \mu, \sigma^2) = \ln L = -\frac{n}{2}\ln(2\pi) - \frac{n}{2}\ln(\sigma^2) - \frac{1}{2\sigma^2} \sum_{i=1}^n (x_i-\mu)^2.$$

令偏导数为 0 得方程组：

$$\begin{cases} \dfrac{\partial}{\partial \mu} \ln L = \dfrac{1}{\sigma^2}\left[\sum_{i=1}^n x_i - n\mu\right] = 0, \\ \dfrac{\partial}{\partial \sigma^2} \ln L = -\dfrac{n}{2\sigma^2} + \dfrac{1}{2(\sigma^2)^2} \sum_{i=1}^n (x_i-\mu)^2 = 0, \end{cases}$$

解得

$$\begin{cases} \hat{\mu} = \dfrac{1}{n}\sum_{i=1}^{n} x_i = \bar{x}, \\ \hat{\sigma}^2 = \dfrac{1}{n}\sum_{i=1}^{n}(x_i - \bar{x})^2, \end{cases}$$

所以 μ，σ^2 的极大似然估计量为

$$\begin{cases} \hat{\mu} = \bar{X}, \\ \hat{\sigma}^2 = \dfrac{1}{n}\sum_{i=1}^{n}(X_i - \bar{X})^2. \end{cases}$$

习题 7.1

1. 设总体 X 服从均匀分布 $U[0, \theta]$，它的密度函数为

$$f(x;\theta) = \begin{cases} 1/\theta, & 0 \leqslant x \leqslant \theta, \\ 0, & \text{其他}, \end{cases}$$

(1) 求未知参数 θ 的矩估计量；
(2) 当观察值为 0.3，0.8，0.35，0.62，0.27，0.55 时，求 θ 的矩估计值．

2. 设 X 服从参数为 λ 的泊松分布，试求参数 λ 的矩估计量与极大似然估计量．

3. 从一批产品中随机抽取 60 件，发现 4 件废品，试用矩估计法估计这批产品的废品率．

4. 设总体 $X \sim B(n, p)$，$0 < p < 1$，X_1，X_2，$\cdots$，X_n 为其样本，求 p 的矩估计量与极大似然估计量．

§7.2 估计量的评价标准

对于总体 X 的同一个未知参数，采用不同的估计方法可能会产生不同的估计量．那么我们自然会考虑如下问题：当总体的一个参数存在多个不同的估计量时，究竟采用哪一个好？换个角度说，对于一个估计量，有没有衡量其好坏的评价标准？本节我们将给出评价估计量的三个常用准则：无偏性、有效性和一致性．

一、无偏性

我们知道，对于未知参数，随机抽取不同的样本会得到不同的估计值．这样，要评价一个估计量的好坏，就不能只依据一次抽样的结果，而必须根据多次抽样的结果来衡量．因此，尽管在一次抽样中得到的估计值不一定恰好等于未知参数的真值，甚至差距较大，但在大量的随机抽样时，得到的估计值的平均值应该与未知参数的真值相等．所谓无偏性就是要求估计量的均值（数学期

望)等于未知参数的真值.

定义 1 设 $\hat{\theta}=\hat{\theta}(X_1, X_2, \cdots, X_n)$ 是未知参数 θ 的估计量,若 $E(\hat{\theta})=\theta$,则称 $\hat{\theta}$ 是 θ 的**无偏估计量**.

例 1 样本均值 $\overline{X} = \dfrac{1}{n}\sum_{i=1}^{n} X_i$ 是总体 X 均值 μ 的无偏估计量;样本方差 $S^2 = \dfrac{1}{n-1}\sum_{i=1}^{n}(X_i - \overline{X})^2$ 是总体 X 方差 σ^2 的无偏估计量.

证明 由 §6.1 的定理可知,$E(\overline{X})=\mu$,$E(S^2)=\sigma^2$,所以样本均值是总体均值的无偏估计量,样本方差是总体方差的无偏估计量.

例 2 样本 k 阶原点矩 $A_k = \dfrac{1}{n}\sum_{i=1}^{n} X_i^k$ 是总体 k 阶原点矩 $E(X^k)$ 的无偏估计量.

证明 $E(A_k) = E\left(\dfrac{1}{n}\sum_{i=1}^{n} X_i^k\right) = \dfrac{1}{n}\sum_{i=1}^{n} E(X_i^k) = \dfrac{1}{n} n E(X^k) = E(X^k)$.

例 3 设总体 X 的均值 μ 存在,X_1,X_2 是来自总体 X 的样本,选取 μ 的三个估计量如下:

$$\hat{\mu}_1 = X_1,$$

$$\hat{\mu}_2 = \frac{1}{2}X_1 + \frac{1}{2}X_2,$$

$$\hat{\mu}_3 = \frac{1}{5}X_1 + \frac{4}{5}X_2.$$

由于 $E(X_i)=E(X)=\mu\,(i=1,2)$,故

$$E(\hat{\mu}_1) = E(X_1) = \mu,$$

$$E(\hat{\mu}_2) = \frac{1}{2}E(X_1) + \frac{1}{2}E(X_2) = \mu,$$

$$E(\hat{\mu}_3) = \frac{1}{5}E(X_1) + \frac{4}{5}E(X_2) = \mu,$$

因此,$\hat{\mu}_1$,$\hat{\mu}_2$,$\hat{\mu}_3$ 都是 μ 的无偏估计量.

二、有效性

从例 3 我们可以看出,一个参数 θ 可能会有多个无偏估计量.在这些无偏估计量中,我们选择哪个更好呢?由于方差是衡量随机变量取值与其数学期望的偏离程度的量,所以方差较小的估计量应该更好,这就引出了评价估计量的第二个标准——有效性.

定义 2 设 $\hat{\theta}_1=\hat{\theta}_1(X_1, X_2, \cdots, X_n)$ 与 $\hat{\theta}_2=\hat{\theta}_2(X_1, X_2, \cdots, X_n)$ 都是参数 θ 的无偏估计量,若 $D(\hat{\theta}_1)<D(\hat{\theta}_2)$,则称 $\hat{\theta}_1$ 比 $\hat{\theta}_2$ **有效**.

在 θ 的所有无偏估计量中,如果估计量 $\hat{\theta}_0$ 的方差最小,则称此估计量 $\hat{\theta}_0$ 为 θ 的**最小方差无偏估计**,即为最有效的无偏估计.

例 4 在例 3 中设总体 X 的方差存在为 σ^2，试比较三个无偏估计量中哪个更有效.

解 因为 X_1，X_2 相互独立，$D(X_i)=D(X)=\sigma^2$，$(i=1,2)$，因此有
$$D(\hat{\mu}_1) = D(X_1) = \sigma^2,$$
$$D(\hat{\mu}_2) = \frac{1}{4}D(X_1) + \frac{1}{4}D(X_2) = \frac{1}{2}\sigma^2,$$
$$D(\hat{\mu}_3) = \frac{1}{25}D(X_1) + \frac{16}{25}D(X_2) = \frac{17}{25}\sigma^2,$$

可见 $D(\hat{\mu}_2)<D(\hat{\mu}_3)<D(\hat{\mu}_1)$，所以虽然 $\hat{\mu}_1$，$\hat{\mu}_2$，$\hat{\mu}_3$ 都是 μ 的无偏估计量，但是 $\hat{\mu}_2$ 比 $\hat{\mu}_1$，$\hat{\mu}_3$ 更有效.

三、一致性

我们除了希望一个估计量具有无偏性和有效性之外，有时还希望当样本容量无限增大时，估计量能在某种概率意义下任意接近未知参数 θ 的真值，这就是一致性的要求.

定义 3 $\hat{\theta}=\hat{\theta}(X_1, X_2, \cdots, X_n)$ 为未知参数 θ 的估计量，若当 $n\to\infty$ 时，$\hat{\theta}(X_1, X_2, \cdots, X_n)$ 依概率收敛于 θ，即对任意的 $\varepsilon>0$ 有
$$\lim_{n\to\infty}P\{|\hat{\theta}-\theta|\geqslant\varepsilon\} = 0,$$
则称 $\hat{\theta}=\hat{\theta}(X_1, X_2, \cdots, X_n)$ 是未知参数 θ 的一致估计量.

一致性也称为**相合性**. 实际上，一致性是对一个估计量的基本要求，如果估计量不满足一致性，那么不论样本容量 n 有多大，都不能将 θ 估计得足够准确，这样的估计量显然是不可取的.

可以证明，对于正态总体 $X\sim N(\mu, \sigma^2)$，$\overline{X}$，S^2 分别作为 μ，σ^2 的估计量，满足上述三个评价标准.

习题 7.2

1. 设总体 X 服从正态分布 $N(m, 1)$，X_1，X_2 是来自总体 X 的样本，试验证
$$\hat{m}_1 = \frac{2}{3}X_1 + \frac{1}{3}X_2, \quad \hat{m}_2 = \frac{1}{4}X_1 + \frac{3}{4}X_2, \quad \hat{m}_3 = \frac{1}{2}X_1 + \frac{1}{2}X_2$$
都是无偏估计量，并找出哪个最有效.

2. 设 $X\sim B(n, p)$，X_1，X_2，$\cdots$，X_n 是来自 X 的样本，试求 p^2 的无偏估计量.

3. 设 X_1，X_2，$\cdots$，X_n 为来自参数 λ 的泊松分布的简单随机样本，试求 λ^2 的无偏估计量.

4. 设 $\hat{\theta}$ 是参数 θ 的无偏估计，且有 $D(\hat{\theta})>0$，试证 $\hat{\theta}^2=(\hat{\theta})^2$ 不是 θ^2 的无偏估计.

§7.3 区间估计

前面我们讨论了总体参数的点估计法,即用一个样本函数 $\hat{\theta}(X_1, X_2, \cdots, X_n)$ 的观测值估计未知参数 θ,这种方法直观、简单。但是,点估计法也有明显的缺点。在实际问题中,用点估计法得到的估计值与未知参数真值之间可能会有一定的误差,这个误差有多大,点估计没有提到。为了解决这个问题,俄国统计学家奈曼(Neyman)于 1934 年提出了区间估计的方法,他估计出了未知参数 θ 的一个范围,并且给出了这个范围包含 θ 的可靠程度。本节我们首先介绍区间估计的概念与方法,然后具体讨论正态总体参数的区间估计。

一、置信区间的概念

定义 1 设 θ 是总体 X 分布中的一个未知参数,$X_1, X_2, \cdots, X_n$ 是来自 X 的样本,若对于给定的数 $\alpha(0<\alpha<1)$,存在两个统计量

$$\hat{\theta}_1 = \hat{\theta}_1(X_1, X_2, \cdots, X_n), \hat{\theta}_2 = \hat{\theta}_2(X_1, X_2, \cdots, X_n),$$

使得

$$P\{\hat{\theta}_1 \leqslant \theta \leqslant \hat{\theta}_2\} = 1-\alpha,$$

则称区间 $(\hat{\theta}_1, \hat{\theta}_2)$ 为 θ 的置信度为 $1-\alpha$ 的**双侧置信区间**,$1-\alpha$ 称为**置信度(置信水平)**,$\hat{\theta}_1$ 和 $\hat{\theta}_2$ 分别称为 θ 的**置信下限和置信上限**。

在实际应用中,针对不同情况,通常取 α 为 0.05,0.01,0.10。我们把这种估计未知参数的方法称为**区间估计**。

在随机抽样中,若重复抽样多次,就会得到样本 $X_1, X_2, \cdots, X_n$ 的多个观察值 $x_1, x_2, \cdots x_n$,每个观察值得到的置信区间 $(\hat{\theta}_1, \hat{\theta}_2)$ 可能是不同的,所以 $(\hat{\theta}_1, \hat{\theta}_2)$ 是一个随机区间。置信区间的长度 $\hat{\theta}_2 - \hat{\theta}_1$ 反映了估计精度,$\hat{\theta}_2 - \hat{\theta}_1$ 越小估计精度越高。

不难想到,当样本值 $x_1, x_2, \cdots, x_n$ 给定后,区间 $(\hat{\theta}_1, \hat{\theta}_2)$ 可能包含参数真值 θ,也可能不包含。置信度 $1-\alpha$ 反映了随机区间 $(\hat{\theta}_1, \hat{\theta}_2)$ 包含 θ 的可靠程度。显然,α 越小,$1-\alpha$ 越大,估计的可靠度越高。我们可以这样理解,取 $\alpha = 0.01$ 意味着反复抽样 1 000 次,可得到 1 000 个这样的区间,理论上有 $(1-\alpha)1\,000 = 990$ 个区间包含了参数真值 θ。

估计精度与置信度是一对矛盾。在减小 α 的同时,$1-\alpha$ 增大,置信区间 $(\hat{\theta}_1, \hat{\theta}_2)$ 包含 θ 的真值的概率增大,则相应的 $(\hat{\theta}_1, \hat{\theta}_2)$ 的长度也就越大,因而估计精度降低。反之,估计的精度越高,置信度 $1-\alpha$ 越小。二者如何进行折中呢?一般原则是:在保证置信度的前提下尽可能提高估计精度。

那么在给定 α 后如何确定置信区间,即如何找上述两个估计量呢?下面我们给出区间估计的一般步骤:

(1)构造关于样本 $X_1,X_2,\cdots,X_n$ 与未知参数 θ 的一个函数,而不含其他未知参数,设该函数为
$$T=T(X_1,X_2,\cdots,X_n;\theta),$$
T 的分布已知且不依赖于任何未知参数(当然也不依赖于参数 θ);

(2)对于给定的置信水平 $1-\alpha$,根据 T 的分布确定两个常数 a,b,使
$$P\{a<T(X_1,X_2,\cdots,X_n;\theta)<b\}=1-\alpha;$$

(3)将 $a<T(X_1,X_2,\cdots,X_n;\theta)<b$ 变形得到等价的不等式
$$\hat{\theta}_1(X_1,X_2,\cdots,X_n)<\theta<\hat{\theta}_2(X_1,X_2,\cdots,X_n),$$
即
$$P\{\hat{\theta}_1(X_1,X_2,\cdots,X_n)<\theta<\hat{\theta}_2(X_1,X_2,\cdots,X_n)\}=1-\alpha,$$
记 $\hat{\theta}_1=\hat{\theta}_1(X_1,X_2,\cdots,X_n)$,$\hat{\theta}_2=\hat{\theta}_2(X_1,X_2,\cdots,X_n)$,则 $(\hat{\theta}_1,\hat{\theta}_2)$ 就是 θ 的一个置信度为 $1-\alpha$ 的置信区间.

二、单个正态总体参数的区间估计

对于正态总体 X 来说,最重要的信息为均值 μ 和方差 σ^2.下面我们给出总体 X 的均值与方差未知或部分未知等情形下的区间估计结果.

定理 1 设总体 $X\sim N(\mu,\sigma^2)$,$X_1,X_2,\cdots,X_n$ 为取自 X 的样本,$\overline{X}$ 为样本均值,S^2 为样本方差,则

(1)若 σ^2 已知,μ 的置信度为 $1-\alpha$ 的置信区间为
$$\left(\overline{X}-z_{\frac{\alpha}{2}}\frac{\sigma}{\sqrt{n}},\overline{X}+z_{\frac{\alpha}{2}}\frac{\sigma}{\sqrt{n}}\right);$$

(2)若 σ^2 未知,μ 的置信度为 $1-\alpha$ 的置信区间为
$$\left(\overline{X}-t_{\frac{\alpha}{2}}(n-1)\frac{S}{\sqrt{n}},\overline{X}+t_{\frac{\alpha}{2}}(n-1)\frac{S}{\sqrt{n}}\right).$$

证明 (1)因 σ^2 已知,$\overline{X}$ 是 μ 的无偏估计量,构造函数为
$$U=\frac{\overline{X}-\mu}{\sigma/\sqrt{n}}.$$
由 §6.2 中定理 1 得:
$$\frac{\overline{X}-\mu}{\sigma/\sqrt{n}}\sim N(0,1),$$
函数 U 含有未知参数 μ,其分布不依赖与任何未知参数.按标准正态分布的上 α 分位数的定义,有
$$P\left\{\left|\frac{\overline{X}-\mu}{\sigma/\sqrt{n}}\right|<z_{\alpha/2}\right\}=1-\alpha,$$

即
$$P\left\{\overline{X}-z_{\alpha/2}\frac{\sigma}{\sqrt{n}}<\mu<\overline{X}+z_{\alpha/2}\frac{\sigma}{\sqrt{n}}\right\}=1-\alpha,$$

这样,就得到了 σ^2 已知情况下 μ 的置信水平为 $1-\alpha$ 的置信区间为
$$\left(\overline{X}-z_{\alpha/2}\frac{\sigma}{\sqrt{n}},\overline{X}+z_{\alpha/2}\frac{\sigma}{\sqrt{n}}\right).$$

(2) 因 σ^2 未知,构造函数为
$$t=\frac{\overline{X}-\mu}{S/\sqrt{n}}.$$

由 §6.2 中定理 1 得:
$$t=\frac{\overline{X}-\mu}{S/\sqrt{n}}\sim t(n-1),$$

函数 t 含有未知参数 μ,其分布不依赖于任何未知参数.按 t 分布的上 α 分位数的定义,有
$$P\left\{\left|\frac{\overline{X}-\mu}{S/\sqrt{n}}\right|<t_{\alpha/2}(n-1)\right\}=1-\alpha,$$

即
$$P\left\{\overline{X}-z_{\alpha/2}\frac{\sigma}{\sqrt{n}}<\mu<\overline{X}+z_{\alpha/2}\frac{\sigma}{\sqrt{n}}\right\}=1-\alpha,$$

故 σ^2 未知情况下 μ 的置信水平为 $1-\alpha$ 的置信区间为
$$\left(\overline{X}-t_{\frac{\alpha}{2}}(n-1)\frac{S}{\sqrt{n}},\overline{X}+t_{\frac{\alpha}{2}}(n-1)\frac{S}{\sqrt{n}}\right).$$

例 1 某食品厂生产午餐肉罐头,由长期经验得知罐头的净重 X 服从正态分布 $X\sim N(\mu,\sigma^2)$,从某天的产品中随机抽取 10 件,测量的净重(克)如下:

318, 321, 325, 317, 316, 318, 322, 320, 321, 324,

(1) 若 $\sigma^2=8$,求 μ 的置信水平为 0.90, 0.95, 0.99 的置信区间;

(2) 若 σ^2 未知,求 μ 的置信水平为 0.90 的置信区间.

解 (1) 由定理 1,σ^2 已知,μ 的置信区间为 $\left(\overline{X}-z_{\frac{\alpha}{2}}\frac{\sigma}{\sqrt{n}},\overline{X}+z_{\frac{\alpha}{2}}\frac{\sigma}{\sqrt{n}}\right)$,

$$\overline{X}=\frac{1}{10}\times(318+321+325+317+316+318+322+320+321+324)=320.2,$$

$$\frac{\sigma}{\sqrt{n}}=\frac{\sqrt{8}}{\sqrt{10}}=0.8944.$$

$\alpha=0.1$ 时,查表得 $z_{\frac{\alpha}{2}}=1.645$,$\mu$ 的置信水平为 0.90 的置信区间为

$(320.2-1.645\times 0.8944, 320.2+1.645\times 0.8944)=(318.73, 321.67)$;

$\alpha=0.05$ 时,查表得 $z_{\frac{\alpha}{2}}=1.96$,$\mu$ 的置信水平为 0.95 的置信区间为

$(320.2-1.96\times 0.8944, 320.2+1.96\times 0.8944)=(318.48, 321.95)$;

§7.3 区间估计

$\alpha=0.01$ 时，查表得 $z_{\frac{\alpha}{2}}=2.58$，$\mu$ 的置信水平为 0.99 的置信区间为
$$(320.2-2.58\times0.8944,\ 320.2+2.58\times0.8944)=(317.89,\ 322.51).$$

(2) σ^2 未知，μ 的置信区间为 $\left(\overline{X}-t_{\frac{\alpha}{2}}(n-1)\dfrac{S}{\sqrt{n}},\ \overline{X}+t_{\frac{\alpha}{2}}(n-1)\dfrac{S}{\sqrt{n}}\right).$

计算 $\overline{X}=320.2$，$s^2=\dfrac{1}{10}\left(\sum\limits_{i=1}^{10}x_i^2-6\overline{x}^2\right)=7.96$，$s=2.821$.

$\alpha=0.1$ 时，查表得 $t_{0.05}(9)=1.8331$，μ 的置信水平为 0.90 的置信区间为
$$\left(\overline{x}-\dfrac{s}{\sqrt{10}}t_{0.05}(9),\ \overline{x}+\dfrac{s}{\sqrt{10}}t_{0.05}(9)\right)=(318.56,\ 321.84).$$

由上述结果可见，置信水平越低，置信区间越窄，估计值的范围越小，估计精度升高，反之置信水平越高，置信区间越宽，估计值的范围大，估计精度降低．

定理 2 设总体 $X\sim N(\mu,\ \sigma^2)$，μ，σ^2 均为未知参数，X_1，X_2，$\cdots$，X_n 为取自 X 的样本，S^2 为样本方差，则 σ^2 的置信度为 $1-\alpha$ 的置信区间为
$$\left(\dfrac{(n-1)S^2}{\chi^2_{\frac{\alpha}{2}}(n-1)},\ \dfrac{(n-1)S^2}{\chi^2_{1-\frac{\alpha}{2}}(n-1)}\right).$$

证明 μ 未知，构造函数为
$$W=\dfrac{(n-1)S^2}{\sigma^2},$$

由 §6.2 中定理 1 得：
$$\dfrac{(n-1)S^2}{\sigma^2}\sim\chi^2(n-1).$$

由
$$P\left\{\chi^2_{1-\frac{\alpha}{2}}<\dfrac{(n-1)S^2}{\sigma^2}<\chi^2_{\frac{\alpha}{2}}\right\}=1-\alpha,$$

确定得 σ^2 的置信水平为 $1-\alpha$ 的置信区间为
$$\left(\dfrac{(n-1)S^2}{\chi^2_{\frac{\alpha}{2}}(n-1)},\ \dfrac{(n-1)S^2}{\chi^2_{1-\frac{\alpha}{2}}(n-1)}\right).$$

例 2 在例 1 中求方差 σ^2 的置信度为 0.90 的置信区间．

解 由定理 2，μ 未知，σ^2 的置信区间为 $\left(\dfrac{(n-1)S^2}{\chi^2_{\frac{\alpha}{2}}(n-1)},\ \dfrac{(n-1)S^2}{\chi^2_{1-\frac{\alpha}{2}}(n-1)}\right).$

$$s^2=\dfrac{1}{10}\left(\sum\limits_{i=1}^{10}x_i^2-6\overline{x}^2\right)=7.96,$$

$\alpha=0.1$ 时，查表得
$$\chi^2_{0.05}(9)=16.919,\ \chi^2_{0.95}(9)=3.325.$$

σ^2 的置信水平为 0.90 的置信区间为
$$\left(\dfrac{9s^2}{\chi^2_{0.025}(9)},\ \dfrac{9s^2}{\chi^2_{0.975}(9)}\right)=(4.234,\ 21.546).$$

三、两个正态总体均值差和方差比的区间估计

在处理一类实际问题时，往往需要知道两个正态总体均值之间或方差之间的差异，所以要研究两个正态总体的均值差或方差比得置信区间．

定理 3 设 X_1，X_2，$\cdots$，X_{n_1} 为取自总体 $X \sim N(\mu_1, \sigma_1^2)$ 的样本，Y_1，Y_2，$\cdots$，Y_{n_2} 为取自总体 $Y \sim N(\mu_2, \sigma_2^2)$ 的样本，并且两个总体相互独立，$\overline{X}$，S_1^2 和 $\overline{Y}$，S_2^2 分别表示两样本的均值与方差，则

(1) 若 σ_1^2，σ_2^2 已知，$\mu_1 - \mu_2$ 的置信度为 $1-\alpha$ 的置信区间为

$$\left((\overline{X} - \overline{Y}) - z_{\frac{\alpha}{2}} \sqrt{\frac{\sigma_1^2}{n_1} + \frac{\sigma_2^2}{n_2}}, (\overline{X} - \overline{Y}) + z_{\frac{\alpha}{2}} \sqrt{\frac{\sigma_1^2}{n_1} + \frac{\sigma_2^2}{n_2}} \right);$$

(2) 若 σ_1^2，σ_2^2 未知，$\mu_1 - \mu_2$ 的置信度为 $1-\alpha$ 的置信区间为

$$\left((\overline{X} - \overline{Y}) - t_{\frac{\alpha}{2}}(n_1 + n_2 - 2) S_w \sqrt{\frac{1}{n_1} + \frac{1}{n_2}}, (\overline{X} - \overline{Y}) + t_{\frac{\alpha}{2}}(n_1 + n_2 - 2) S_w \sqrt{\frac{1}{n_1} + \frac{1}{n_2}} \right).$$

定理 4 设 X_1，X_2，$\cdots$，X_{n_1} 为取自总体 $X \sim N(\mu_1, \sigma_1^2)$ 的样本，Y_1，Y_2，$\cdots$，Y_{n_2} 为取自总体 $Y \sim N(\mu_2, \sigma_2^2)$ 的样本，并且两个总体相互独立，μ_1，μ_2 未知，S_1^2，S_2^2 分别表示两样本的均值与方差，则 $\dfrac{\sigma_1^2}{\sigma_2^2}$ 的置信度为 $1-\alpha$ 的置信区间为

$$\left(\frac{S_1^2}{S_2^2} \cdot \frac{1}{F_{\frac{\alpha}{2}}(n_1-1, n_2-1)}, \frac{S_1^2}{S_2^2} \cdot \frac{1}{F_{1-\frac{\alpha}{2}}(n_1-1, n_2-1)} \right).$$

上述两个定理的结论可利用 §6.2 中定理 2 相关结果进行证明，读者可自行验证．

例 3 某零件加工厂用两台机器生产同种型号的螺钉．现分别从两台机器生产的螺钉中抽取了容量分别为 16 与 10 的两个相互独立的样本 X_1，X_2，$\cdots$，X_{16} 与 Y_1，Y_2，$\cdots$，Y_{10}，已知 $\bar{x} = 3.6$，$s_1^2 = 0.8$，$\bar{y} = 3.5$，$s_2^2 = 0.6$，

(1) 若 $\sigma_1^2 = \sigma_2^2$，求 $\mu_1 - \mu_2$ 的置信度为 0.90 的置信区间；

(2) 求方差比的置信度为 0.90 的置信区间．

解 (1) 由定理 3 得 $\mu_1 - \mu_2$ 的置信度为 $1-\alpha$ 的置信区间为

$$\left((\overline{X} - \overline{Y}) - t_{\frac{\alpha}{2}}(n_1 + n_2 - 2) S_w \sqrt{\frac{1}{n_1} + \frac{1}{n_2}}, \right.$$

$$\left. (\overline{X} - \overline{Y}) + t_{\frac{\alpha}{2}}(n_1 + n_2 - 2) S_w \sqrt{\frac{1}{n_1} + \frac{1}{n_2}} \right),$$

$$\overline{X} - \overline{Y} = 0.1, S_w^2 = \frac{(n_1 - 1) S_1^2 + (n_2 - 1) S_2^2}{n_1 + n_2 - 2}$$

$$= \frac{15 \times 0.8 + 9 \times 0.6}{24} = 0.725, S_w = 0.8515,$$

查表得 $t_{0.05}(24)=1.7109$，故

$\mu_1-\mu_2$ 的置信度为 0.90 的置信区间为 $(-0.4873, 0.6873)$.

(2) $\dfrac{\sigma_1^2}{\sigma_2^2}$ 的置信度为 $1-\alpha$ 的置信区间为

$$\left(\frac{S_1^2}{S_2^2}\frac{1}{F_{\frac{\alpha}{2}}(n_1-1,n_2-1)}, \frac{S_1^2}{S_2^2}\frac{1}{F_{1-\frac{\alpha}{2}}(n_1-1,n_2-1)}\right),$$

$$F_{0.05}(15,9)=3.01, F_{0.95}(15,9)=\frac{1}{F_{0.05}(9,15)}=\frac{1}{2.59},$$

代入得 $\dfrac{\sigma_1^2}{\sigma_2^2}$ 的置信度为 0.90 的置信区间为 $(0.4430, 3.4533)$.

习题 7.3

1. 某总体的标准差 $\sigma=3$ cm，从中抽取 40 个个体，其样本平均数 $\bar{x}=642$ cm，试给出总体期望值 μ 的 95% 的置信上、下限(即置信区间的上、下限).
2. 人的身高服从正态分布，从初中女生中随机抽取 6 名，测得身高如下(单位：cm)：

    149，158.5，152.5，142，157，165，

    求初中女生平均身高的置信区间 $(\alpha=0.05)$.
3. 测量误差服从正态分布 $N(0, \sigma^2)$，已知每次测量的标准差 $\sigma=0.15$ cm，至少需要多少次测量才能使得以概率 98% 保证误差均值的绝对值小于 0.3 cm.
4. 设来自总体 $N(\mu_1, 16)$ 的一容量为 15 的样本，其样本均值 $\bar{x}_1=14.6$ cm；来自总体 $N(\mu_2, 9)$ 的一容量为 20 的样本，其样本均值 $\bar{x}_2=13.2$ cm，并且两样本是相互独立的，试求 $\mu_1-\mu_2$ 的 90% 的置信区间.

本章小结

本章知识要点

点估计 矩估计法 极大似然估计法 无偏性 有效性 一致性 区间估计 置信区间

本章常用结论

(1) 矩估计法的做法是，用样本矩作为总体矩的估计量，而以样本矩的连续函数作为相应的总体矩的连续函数的估计量，从而得到总体未知参数的估计.

(2) 极大似然估计法的基本思想是，若已观察到样本 $(X_1, X_2, \cdots, X_n)$ 的样本值 $(x_1, x_2, \cdots, x_n)$，而取到这一样本值的概率为 p（离散型情况），或 $(X_1, X_2, \cdots, X_n)$ 落在这一样本值 $(x_1, x_2, \cdots, x_n)$ 的邻域内的概率为 p（连续型情况），而 p 与未知参数有关，我们就取 θ 的估计值使概率 p 取到最大. 在统计问题中往往先使用极大似然估计法，在此法使用起来不方便时，再用矩估计法.

(3) 估计量的评价标准.

① 无偏性. 设 $\hat{\theta}$ 是未知参数 θ 的估计量，若 $E(\hat{\theta}) = \theta$，则称 $\hat{\theta}$ 是 θ 的无偏估计量.

② 有效性. 设 $\hat{\theta}_1$ 与 $\hat{\theta}_2$ 都是参数 θ 的无偏估计量，若 $D(\hat{\theta}_1) < D(\hat{\theta}_2)$，则称 $\hat{\theta}_1$ 比 $\hat{\theta}_2$ 有效.

③ 一致性. 设 $\hat{\theta}$ 为未知参数 θ 的估计量，若当 $n \to \infty$ 时，则 $\hat{\theta}(X_1, X_2, \cdots, X_n)$ 依概率收敛于 θ，即对任意的 $\varepsilon > 0$ 有

$$\lim_{n \to \infty} P(|\hat{\theta} - \theta| \geqslant \varepsilon) = 0,$$

则称 $\hat{\theta} = \hat{\theta}(X_1, X_2, \cdots, X_n)$ 是未知参数 θ 的一致估计量.

(4) 区间估计的重要结论（一个正态总体情形，$X \sim N(\mu, \sigma^2)$）.

① 若 σ^2 已知，μ 的置信度为 $1-\alpha$ 的置信区间为

$$\left(\overline{X} - z_{\frac{\alpha}{2}} \frac{\sigma}{\sqrt{n}}, \overline{X} + z_{\frac{\alpha}{2}} \frac{\sigma}{\sqrt{n}} \right);$$

② 若 σ^2 未知，μ 的置信度为 $1-\alpha$ 的置信区间为

$$\left(\overline{X} - t_{\frac{\alpha}{2}}(n-1) \frac{S}{\sqrt{n}}, \overline{X} + t_{\frac{\alpha}{2}}(n-1) \frac{S}{\sqrt{n}} \right);$$

③ 若 μ 未知，σ^2 的置信度为 $1-\alpha$ 的置信区间为

$$\left(\frac{(n-1)S^2}{\chi^2_{\frac{\alpha}{2}}(n-1)}, \frac{(n-1)S^2}{\chi^2_{1-\frac{\alpha}{2}}(n-1)} \right).$$

总习题七

1. 设总体 $X \sim U[a, b]$，$X_1, X_2, \cdots, X_n$ 是取自 X 的样本，求 a, b 的最大似然估计量.

2. 有一大批糖果，现从中随机地取 12 袋，称得重量（以克计）如下：
$$508, 499, 503, 504, 510, 497,$$
$$505, 493, 496, 506, 502, 496,$$
设每装糖果的重量近似服从正态分布，求：
   (1) 总体均值 μ 的置信水平为 0.9 的置信区间.
   (2) 总体方差 σ^2 的置信水平为 0.95 的置信区间.

3. 设 X_1, X_2, X_3, X_4 是取自均值为 θ 的指数分布总体的样本，其中 θ 未知. 设有估计量
$$T_1 = \frac{1}{6}(X_1 + X_2) + \frac{1}{3}(X_3 + X_4), \quad T_2 = \frac{X_1 + 2X_2 + 3X_3 + 4X_4}{5},$$
$$T_3 = \frac{X_1 + X_2 + X_3 + X_4}{4},$$
   (1) 指出 T_1, T_2, T_3 中哪几个是 θ 的无偏估计量.
   (2) 在上述 θ 的无偏估计中指出哪个最有效.

4. 已知总体 X 的概率分布为
$$P\{X = k\} = C_2^k (1-\theta)^k \theta^{2-k},$$
求参数 θ 的矩估计.

5. 设总体 X 的概率分布为
$$f(x;\theta) = \begin{cases} (\theta+1)x^\theta, & 0 < x < 1, \\ 0, & \text{其他}, \end{cases}$$
其中 $\theta > -1$ 是未知参数，$X_1, X_2, \cdots, X_n$ 为一个样本，试求参数 θ 的矩估计量和最大似然估计量.

6. 在一批货物的容量为 100 的样本中，经检验发现有 16 只次品，试求这批货物次品率的置信度为 0.95 的置信区间.

7. 设 $X_1, X_2, \cdots, X_n$ 是来自总体 X 的随机样本，试证估计量
$$\overline{X} = \frac{1}{n}\sum_{i=1}^{n} X_i \text{ 和 } Y = \sum_{i=1}^{n} c_i X_i \left(c_i \geqslant 0 \text{ 为常数}, \sum_{i=1}^{n} c_i = 1\right)$$
都是总体期望 $E(X)$ 的无偏估计，但 $\overline{X}$ 比 Y 有效.

8. 设总体 $X \sim N(\mu, \sigma^2)$，已知 $\sigma = \sigma_0$，要使 μ 的置信度为 $1-\alpha$ 的置信区间长度不大于 l，请问应抽取多大容量的样本？

9. 设从均值为 μ，方差为 $\sigma^2 > 0$ 的总体中，分别抽取容量为 n_1，n_2 的两个独立样本. $\overline{X}_1$ 和 $\overline{X}_2$ 分别是两个样本的样本均值. 试证对于任意常数 a, $b (a+b=1)$，$Y = a\overline{X}_1 + b\overline{X}_2$ 都是 μ 的无偏估计，并确定常数 a, b 使 $D(Y)$ 达到最小.

10. 随机地取某种炮弹 9 发做试验，得炮口速度的样本标准差 $s = 11(\text{m/s})$. 设炮口速度服从正态分布. 求这种炮弹的炮口速度的标准差 σ 的置信度为 0.95 的置信区间.

第八章 假设检验

在第七章中,我们利用样本信息,构造合适的统计量,给出了总体当中未知参数的估计. 在这一章里,我们将从另外一个角度给出总体中未知信息的推断——假设检验. 顾名思义,假设检验就是先假设后检验,即事先对总体的未知信息提出一个假设,再利用样本数据信息判断原假设是否合理,从而决定应接受还是拒绝原假设. 这里,未知信息可以是总体中的未知参数,也可以是有关总体分布的信息. 如果总体分布已知,关于总体中未知参数的检验称为参数的假设检验;如果是对总体分布的检验,则称为非参数假设检验. 本章侧重参数的假设检验.

§8.1 假设检验的基本概念

一、假设检验的基本思想

为了让读者更清楚地理解假设检验的基本思想及其相关概念,我们先来看下面两个例子.

例 1 某药厂用自动包装机包装葡萄糖,在正常情况下,每袋重量 X 服从正态分布 $N(\mu, \sigma^2)$,每袋标准重量为 500 g,由以往经验知总体方差 $\sigma^2 = 6.5^2$,某日从生产线上随机抽取 6 袋,称得净重为(单位: g):

$$498, 516, 507, 492, 502, 512,$$

如果方差不变,问该日包装机工作是否正常?

例 2 从某门课程的 100 份试卷中随机抽取 30 个学生的成绩,数据如下:

63, 45, 71, 74, 52, 87, 87, 69, 74, 72, 67, 80, 61, 100, 67,

71, 86, 70, 68, 57, 74, 49, 80, 94, 59, 82, 88, 46, 48, 78,

问这门课程学生的成绩是否近似服从正态分布?

例 1 中,要检验包装机工作是否正常,在方差不变的情况下,就是要检验包装机包装重量的均值是否是 500 g. 由样本值可得样本均值 $\bar{x} = 504.5$ g,比标准重量 500 g 多 4.5 g,该差异究竟是包装机工作不正常造成的,还是由于随机因素引起的,需要我们做出推断. 所以,本例的问题归结为关于总体中未知参数——均值的检验的问题,属于参数的假设检验.

例 2 中总体的分布是未知的，是关于总体是否为正态分布的检验，属于非参数假设检验.

为了对总体分布中的未知参数作出检验推断，假设检验一般会给出两个对立的假设，一个称为**原假设**，记作 H_0，另一个称为**备择假设**，记作 H_1. 假设检验的目的是在两个对立的假设中选择其中一个：接受了 H_0 就意味着拒绝了 H_1，同样接受了 H_1 就意味着拒绝了 H_0. 在例 1 中，依题意要求，我们做出假设如下：$H_0: \mu = \mu_0 = 500$，$H_1: \mu \neq \mu_0 = 500$. 在例 2 中，$H_0$：成绩是近似服从正态分布，$H_1$：成绩不服从正态分布.

自然，对于上述做出的假设，我们还有其他的选择. 这样会导致原假设和备择假设的提法不唯一，最终导致检验结果的不唯一. 为了避免出现上述问题，一般来说假设的提出应满足如下原则：

(1) H_0 中必须出现等号. 形如 $\mu = \mu_0$，$\mu \leqslant \mu_0$，$\mu \geqslant \mu_0$ 的假设都要作为原假设；

(2) 对于给定的具体问题，无论结果是接受 H_0 还是拒绝 H_0，都能够回答所提出的问题.

例 1 中，我们提出的假设显然符合这两个原则. 那么，如果不满足这两个原则，会出现什么状况呢？如果例 1 的问题改为是否可以认为葡萄糖重量的均值大于 $500\,g$，就应该对假设做修改. 若还是按照原来的假设，检验的结果拒绝了 H_0，得到的信息是均值不等于 $500\,g$，究竟是大于还是小于就不知道了. 应该做出怎样的假设更合理，请读者自己思考.

下面给出假设检验的重要依据——**小概率原理：在一次试验中，小概率事件实际上几乎是不可能发生的**.

假设检验的基本思想是在假定原假设 H_0 成立的前提下，构造有关样本的小概率事件，带入样本值判别小概率事件是否发生. 如果小概率事件发生了，由小概率原理拒绝原假设 H_0，否则接受原假设 H_0.

下面以例 1 为例来说明假设检验的基本过程.

解 设该日包装的葡萄糖一袋的重量为一随机变量 X，$X \sim N(\mu, 6.5^2)$，μ 为总体中未知参数，包装机是否正常就是要检验总体均值 μ 是否等于 500.

提出原假设 $H_0: \mu = \mu_0 = 500$，备择假设 $H_1: \mu \neq \mu_0 = 500$.

由第六章的知识我们知道 $\dfrac{\overline{X} - \mu}{\sigma/\sqrt{n}} \sim N(0, 1)$，因此若假设 H_0 成立，则 $\dfrac{\overline{X} - \mu_0}{\sigma/\sqrt{n}} \sim N(0, 1)$，由于 $\dfrac{\overline{X} - \mu_0}{\sigma/\sqrt{n}}$ 的分布是已知的，故可以构造小概率事件：

$$P\left\{ \left| \dfrac{\overline{X} - \mu_0}{\sigma/\sqrt{n}} \right| \geqslant z_{0.025} \right\} = 0.05.$$

将相应数值代入，观察小概率事件 $\left|\dfrac{\overline{X}-\mu_0}{\sigma/\sqrt{n}}\right|\geqslant z_{0.025}$ 是否发生．本例中 $\mu_0=500, \sigma=\sigma_0=6.5$，样本均值 $\bar{x}=504.5$，$\left|\dfrac{\bar{x}-\mu_0}{\sigma/\sqrt{n}}\right|=1.696<z_{0.025}=1.96$，小概率事件在一次试验中没有发生，因此接受 H_0，即认为包装机工作正常．

由上述例 1 的假设检验过程我们发现，问题的关键在于构造关于样本的不含未知参数的小概率事件，但是这个事件很难构造出来．由前面的知识知道 $\dfrac{\overline{X}-\mu}{\sigma/\sqrt{n}}$ 的分布是已知的，我们容易构造有关 $\dfrac{\overline{X}-\mu}{\sigma/\sqrt{n}}$ 的小概率事件，即 $P\left\{\dfrac{\overline{X}-\mu}{\sigma/\sqrt{n}}\geqslant z_\alpha\right\}=\alpha$，然而此事件中含有未知参数 μ．我们应该构造有关 $\dfrac{\overline{X}-\mu_0}{\sigma/\sqrt{n}}$ 的小概率事件，它的构造要借助于 $P\left\{\dfrac{\overline{X}-\mu}{\sigma/\sqrt{n}}\geqslant z_\alpha\right\}=\alpha$ 得以实现．本例中的 $\dfrac{\overline{X}-\mu_0}{\sigma/\sqrt{n}}$ 是样本的函数且不含未知参数，称为**检验统计量**．以后我们会看到，检验统计量的具体形式是随着具体问题的不同而变化的．

在假设检验中，我们将事先给定的小概率 α 称为**显著性水平**；将拒绝原假设 H_0 还是接受原假设 H_0 的统计量界限值称为**临界值**；将接受原假设 H_0 的区域称为**接受域**；将拒绝原假设 H_0 的区域称为**拒绝域**．

在例 1 中，假设检验的显著性水平 $\alpha=0.05$，临界值 $\lambda=z_{\frac{\alpha}{2}}=1.96$，拒绝域为 $(-\infty,-1.96)\cup(1.96,+\infty)$．

如图 8-1 所示，如果由样本值所得到的检验统计量的值落在拒绝域中，则认为原假设 H_0 不成立，从而接受备择假设 H_1．

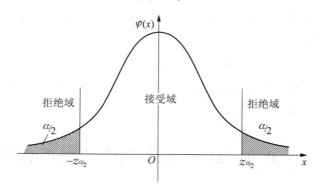

图 8-1 假设检验的拒绝域和接受域

二、假设检验的两类错误

假设检验的基本依据是小概率原理，即在一次试验中小概率事件被认为是不会发生的．但是，在一次试验中，小概率事件并不是一定不发生，只是发生的可能性小而已，因此假设检验得到的结论不一定都是正确的．通常情况下，假设检验会出现两类错误：

第一类错误：原假设 H_0 成立，否定了 H_0，也称为"弃真"的错误．

第二类错误：原假设 H_0 不成立，承认了 H_0，也称为"取伪"的错误．

人们自然希望犯两类错误的概率都很小．但在样本容量确定的情况下，实际上是不可能的．由于犯第二类错误的概率不容易控制，一般只是控制犯第一类错误的概率，因此显著性水平 α 的取值一般都很小，常用的取值有：0.1，0.05，0.01，0.005．这种只控制犯第一类错误的概率，而不考虑犯第二类错误概率的检验称作显著性检验．本章的检验均指显著性检验．必须说明的是，在实际应用假设检验的时候，应该考虑犯第二类错误的代价．必要时，必须控制犯第二类错误的概率．

最后，我们给出假设检验的基本步骤：

(1) 根据题意及相应的原则给出原假设、备择假设．

(2) 假定原假设成立，构造关于检验统计量的小概率事件．

(3) 代入样本相关数值，判别小概率事件是否发生．

(4) 根据小概率事件是否发生，做出结论：承认原假设或者拒绝原假设．

习题 8.1

1. 在假设检验中，如何确定原假设 H_0 和备择假设 H_1？
2. 假设检验的基本步骤有哪些？
3. 一自动包装机需要检验其工作是否正常．根据以往的经验，其包装的质量在正常情况下服从正态分布 $N(100, 1.5^2)$（单位：kg）．现抽测了 9 包，其质量为：

   99.3，98.7，100.5，99.5，98.3，99.7，101.2 100.5，102.0，

   问这天包装机工作是否正常？将这一问题化为假设检验问题．写出假设检验的步骤（$\alpha=0.05$）．

§8.2 单个正态总体参数的假设检验

本节讨论单个正态总体参数的假设检验．正态总体 $N(\mu, \sigma^2)$ 中有两个参数：均值 μ 和方差 σ^2，在实际问题中经常会遇到有关均值 μ 和方差 σ^2 的假设检验问题．下面分几种情况分别介绍对参数 μ 和 σ^2 的检验方法．

设总体 $X \sim N(\mu,\sigma^2)$，$X_1, X_2, \cdots, X_n$ 为来自总体 X 的样本，样本均值和样本方差分别是：$\overline{X} = \dfrac{1}{n}\sum_{i=1}^{n} X_n, S^2 = \dfrac{1}{n-1}\sum_{i=1}^{n}(X_i - \overline{X})^2$.

一、已知方差 σ^2，关于数学期望 μ 的假设检验

如果方差 σ^2 已知，则检验统计量为：$U = \dfrac{\overline{X} - \mu_0}{\sigma/\sqrt{n}}$，原假设的形式有三种：

(1) H_0：$\mu = \mu_0$，小概率事件为 $P\{|U| \geqslant z_{\frac{\alpha}{2}}\} = \alpha$；

(2) H_0：$\mu \leqslant \mu_0$，小概率事件为 $P\{U \geqslant z_\alpha\} \leqslant \alpha$；

(3) H_0：$\mu \geqslant \mu_0$，小概率事件为 $P\{U \leqslant -z_\alpha\} \leqslant \alpha$.

构造了小概率事件之后，代入样本相关的值判别小概率事件是否发生，从而做出接受 H_0 还是拒绝 H_0 的结论. 此检验法常称作 U 检验.

例1 有一批电子元件，寿命服从正态分布 $N(\mu, 4.5^2)$，从这批零件中抽取 9 个，测得寿命是：

$$499, 495, 491, 500, 492, 501, 496, 493, 506,$$

对于显著性水平 $\alpha = 0.05$，是否可以认为零件的平均寿命低于 500？

解 H_0：$\mu \geqslant \mu_0 = 500$，$H_1$：$\mu < \mu_0 = 500$.

检验统计量：$\dfrac{\overline{X} - \mu_0}{\sigma/\sqrt{n}}$，小概率事件为：$P\left\{\dfrac{\overline{X} - \mu_0}{\sigma/\sqrt{n}} \leqslant -z_\alpha\right\} \leqslant \alpha$.

查表得 $z_{0.05} = 1.64$，带入样本值得 $\bar{x} = 493.67$，$\dfrac{493.67 - 500}{4.5/\sqrt{9}} = -4.22 < -1.64$，小概率事件发生了，因此在显著性水平 $\alpha = 0.05$ 下，拒绝 H_0，即认为零件的平均寿命低于 500.

二、未知方差 σ^2，关于数学期望 μ 的假设检验

如果方差 σ^2 未知，原假设的形式有三种：

(1) H_0：$\mu = \mu_0$，由 §6.2 中定理 1 知，$\dfrac{\overline{X} - \mu}{S/\sqrt{n}} \sim t(n-1)$，因此若假设 H_0 成立，则 $t = \dfrac{\overline{X} - \mu_0}{S/\sqrt{n}} \sim t(n-1)$，$t$ 的分布已知，构造小概率事件：$P\{|t| \geqslant t_{\frac{\alpha}{2}}(n-1)\} = \alpha$；

(2) H_0：$\mu \leqslant \mu_0$，小概率事件为 $P\{t \geqslant t_\alpha(n-1)\} \leqslant \alpha$；

(3) H_0：$\mu \geqslant \mu_0$，小概率事件为 $P\{t \leqslant -t_\alpha(n-1)\} \leqslant \alpha$.

构造了小概率事件之后，代入样本相关值判别小概率事件是否发生，从而做出接受 H_0 还是拒绝 H_0 的结论. 此检验法常称作 t 检验.

例2 某厂生产乐器用合金弦线，其抗拉强度服从均值为 10 560(MPa) 的正态分布. 现从一批产品中随机抽取 10 根，测得其抗拉强度为：

10 512, 10 623, 10 668, 10 554, 10 776, 10 707, 10 557, 10 581,

10 666,10 670.

问这批产品的抗拉强度有无显著变化？（$\alpha=0.05$）

解 $H_0: \mu=\mu_0=10\,560$，$H_1: \mu\neq\mu_0=10\,560$.

由于方差 σ^2 未知，故选用检验统计量为 $\dfrac{\overline{X}-\mu_0}{S/\sqrt{n}}$，小概率事件为：

$$P\left\{\left|\dfrac{\overline{X}-\mu_0}{S/\sqrt{n}}\right|\geqslant t_{\frac{\alpha}{2}}(n-1)\right\}=\alpha.$$

查表得 $t_{0.025}(9)=2.262$，带入样本值得 $\overline{X}=10\,631.4$，$s=80.997$，$\dfrac{10\,631.4-10\,560}{80.997/\sqrt{10}}=2.788>t_{0.025}(24)=2.262$，小概率事件发生了，因此在显著性水平 $\alpha=0.05$ 下，拒绝 H_0，即认为这批产品的抗拉强度有显著变化.

例 3 测量误差服从正态分布，抽取 10 个误差值，结果如下：

0.007, 0.011, 0.013, 0.006, 0.008, 0.005, 0.01, 0.012, 0.01, 0.008,

对于显著性水平 $\alpha=0.05$，是否可以认为测量误差的平均值不超过 0.01？

解 $H_0: \mu\leqslant\mu_0=0.01$，$H_1: \mu>\mu_0=0.01$.

检验统计量为 $\dfrac{\overline{X}-\mu_0}{S/\sqrt{n}}$，小概率事件为：$P\left\{\dfrac{\overline{X}-\mu_0}{S/\sqrt{n}}\geqslant t_\alpha(n-1)\right\}\leqslant\alpha.$

查表得 $t_{0.05}(9)=1.833\,1$，带入样本值得 $\overline{x}=0.009$，$\dfrac{0.009-0.01}{0.002\,6/\sqrt{10}}=-1.22<t_{0.05}(9)=1.833\,1$，小概率事件没有发生，因此在显著性水平 $\alpha=0.05$ 下，接受 H_0，即认为测量误差的平均值不超过 0.01.

t 检验法适用于小样本情形总体方差未知时正态总体均值的检验. 当样本容量 n 增大时，t 分布趋近于标准正态分布，故大样本情形（$n>30$）时，近似地有

$$t=\dfrac{\overline{X}-\mu_0}{S/\sqrt{n}}\sim N(0,1).$$

另外，利用中心极限定理，大样本情形（$n>30$）时，非正态总体均值的假设检验也可用近似 U 检验法进行.

三、未知期望 μ，关于方差 σ^2 的假设检验

如果总体 μ 未知时，关于方差 σ^2 的检验，原假设的形式有三种：

(1) $H_0: \sigma^2=\sigma_0^2$，由 §6.2 中定理 1 知，$\dfrac{(n-1)S^2}{\sigma^2}\sim\chi^2(n-1)$，因此若假设 H_0 成立，则 $\chi^2=\dfrac{(n-1)S^2}{\sigma_0^2}\sim\chi^2(n-1)$，$\chi^2$ 的分布已知，

构造小概率事件：$P\{\chi^2\leqslant\chi^2_{1-\frac{\alpha}{2}}(n-1)\text{ 或 }\chi^2\geqslant\chi^2_{\frac{\alpha}{2}}(n-1)\}=\alpha;$

(2) $H_0: \sigma^2 \leq \sigma_0^2$，小概率事件为：$P\{\chi^2 \geq \chi_\alpha^2(n-1)\} \leq \alpha$；

(3) $H_0: \sigma^2 \geq \sigma_0^2$，小概率事件为：$P\{\chi^2 \leq \chi_{1-\alpha}^2(n-1)\} \leq \alpha$.

构造了小概率事件之后，代入样本相关值判别小概率事件是否发生，从而做出接受 H_0 还是拒绝 H_0 的结论．此检验法常称作 χ^2 检验．

例 4 设某地区小麦的亩产量服从正态分布，经调查后获得小麦的亩产量（单位：千克）如下：

380, 395, 417, 408, 369, 434, 400, 443, 372, 381,

在显著性水平 $\alpha = 0.05$ 下是否可以认为该地区小麦产量的方差低于 400？

解 $H_0: \sigma^2 \geq \sigma_0^2 = 400$，$H_1: \sigma^2 < \sigma_0^2 = 400$，

选取检验统计量为 $\dfrac{(n-1)S^2}{\sigma_0^2}$，小概率事件为 $P\left\{\dfrac{(n-1)S^2}{\sigma_0^2} \leq \chi_{1-\alpha}^2(n-1)\right\} \leq \alpha$.

经查表得 $\chi_{0.95}^2(9) = 3.325$，带入样本值得 $s^2 = 654.3$，

$\dfrac{(n-1)s^2}{\sigma_0^2} = \dfrac{9 \times 654.3}{400} = 14.722 > \chi_{0.95}^2(9) = 3.325$，小概率事件没有发生，

故接受 H_0，即认为该地区小麦产量的方差不低于 400．

习题 8.2

1. 某加工企业对钢材中的含碳量要求很严格．已知合格品中的含碳量服从正态分布 $N(5, 0.06^2)$，现从某进货批次中随机抽查 20 件检测，测得含碳量结果如下：

    4.96, 4.91, 5.06, 4.95, 4.99, 4.99, 4.98, 5.02, 4.98, 4.9,
    4.93, 5.01, 4.92, 4.97, 4.94, 4.92, 4.93, 4.97, 5.01, 4.99,

    在显著性水平 $\alpha = 0.05$ 下，这批货是否合格？

2. 有一工厂生产一种灯管，已知灯管的寿命 X 服从正态分布 $N(\mu, 40\,000)$，根据以往的生产经验，知道灯管的平均寿命不会超过 1 500 h．为了提高灯管的平均寿命，工厂采用了新的工艺．为了弄清楚新工艺是否真的能提高灯管的平均寿命，他们测试了采用新工艺生产的 25 只灯管的寿命，其平均值是 1 575 h．尽管样本的平均值大于 1 500 h，试问：可否由此判定这恰是新工艺的效应，而非偶然的原因，使得抽出的这 25 只灯管的平均寿命较长呢？（显著性水平 $\alpha = 0.05$）

3. 水泥厂用自动包装机包装水泥，每袋额定重量是 50 kg，某日开工后随机抽查了 9 袋，称得重量如下：

    49.6, 49.3, 50.1, 50.0, 49.2, 49.9, 49.8, 51.0, 50.2,

    设每袋重量服从正态分布，问包装机工作是否正常？（$\alpha = 0.05$）

§8.3 两个正态总体参数的假设检验

在实际问题中,经常会遇到两个正态总体间参数进行比较是否存在显著性差异,这种情况实际上就是两个正态总体参数的假设检验问题.本节只介绍两类常见两正态总体间均值、方差差异的假设检验.

设总体 $X \sim (\mu_1, \sigma_1^2)$,$Y \sim (\mu_2, \sigma_2^2)$,$X_1, X_2, \cdots, X_{n_1}$ 为来自总体 X 的样本,$Y_1, Y_2, \cdots, Y_{n_2}$ 为来自总体 Y 的样本,样本均值和样本方差分别是:

$$\overline{X} = \frac{1}{n_1}\sum_{i=1}^{n_1} X_n, \overline{Y} = \frac{1}{n_2}\sum_{i=1}^{n_2} X_n, S_1^2 = \frac{1}{n_1-1}\sum_{i=1}^{n_1}(X_i-\overline{X})^2, S_2^2 = \frac{1}{n_2-1}\sum_{i=1}^{n_2}(Y_i-\overline{Y})^2,$$

样本 $X_1, X_2, \cdots, X_{n_1}$ 和样本 $Y_1, Y_2, \cdots, Y_{n_2}$ 独立.

一、已知 σ_1^2,σ_2^2,关于数学期望 $\mu_1 = \mu_2$ 的假设检验

方差已知,关于均值的检验,原假设有三种形式:(1)$H_0: \mu_1 - \mu_2 = 0$;(2)$H_0: \mu_1 - \mu_2 \leqslant 0$;(3)$H_0: \mu_1 - \mu_2 \geqslant 0$.

对于第一种情况,由§6.2中定理2知 $\dfrac{(\overline{X}-\overline{Y})-(\mu_1-\mu_2)}{\sqrt{\dfrac{\sigma_1^2}{n_1}+\dfrac{\sigma_2^2}{n_2}}} \sim N(0,1)$,

因此若假设 H_0 成立,则 $U = \dfrac{(\overline{X}-\overline{Y})}{\sqrt{\dfrac{\sigma_1^2}{n_1}+\dfrac{\sigma_2^2}{n_2}}} \sim N(0,1)$,$U$ 的分布已知,

构造小概率事件:$P\{|U| \geqslant z_{\frac{\alpha}{2}}\} = \alpha$.

构造了小概率事件之后,代入样本值判别小概率事件是否发生,从而做出接受 H_0 还是拒绝 H_0 的结论.对于第二、第三种形式,读者可以自己尝试推导一下小概率事件的构造.

例1 某烟厂向化验室送去 A,B 两种烟草,化验尼古丁含量是否相同,从 A,B 两种烟草中各随机抽取重量相同的5例进行化验,测得尼古丁含量(单位:毫克)为:

A: 24, 27, 26, 21, 24;
B: 27, 28, 23, 31, 26.

根据以往经验知,尼古丁含量服从正态分布,且 A 种的方差为5,B 种的方差为8.取 $\alpha = 0.05$,问 A,B 两种烟草尼古丁含量是否有差异?

解 $H_0: \mu_1 - \mu_2 = 0$,$H_1: \mu_1 - \mu_2 \neq 0$.

选取检验统计量 $\dfrac{(\overline{X}-\overline{Y})}{\sqrt{\dfrac{\sigma_1^2}{n_1}+\dfrac{\sigma_2^2}{n_2}}}$,小概率事件为:$P\left\{\left|\dfrac{(\overline{X}-\overline{Y})}{\sqrt{\dfrac{\sigma_1^2}{n_1}+\dfrac{\sigma_2^2}{n_2}}}\right| \geqslant z_{\frac{\alpha}{2}}\right\} = \alpha$.

查表得 $z_{0.025}=1.96$，带入样本值得 $\bar{x}=24.4$，$\bar{y}=27$.

$$\left|\frac{(\bar{x}-\bar{y})}{\sqrt{\frac{\sigma_1^2}{n_1}+\frac{\sigma_2^2}{n_2}}}\right|=\left|\frac{24.4-27}{\sqrt{2.6}}\right|=1.612<z_{0.025}=1.96,$$

小概率事件没有发生，故接受 H_0，即认为 A，B 两种烟草尼古丁含量无显著差异.

二、未知 μ_1，μ_2，关于方差 σ_1^2/σ_2^2 的假设检验

均值未知，关于方差的检验，原假设有三种形式：(1) H_0：$\sigma_1^2=\sigma_2^2$；(2) H_0：$\sigma_1^2\leqslant\sigma_2^2$；(3) H_0：$\sigma_1^2\geqslant\sigma_2^2$.

对于第一种情况，由 §6.2 中定理 2 知，$\frac{S_1^2/\sigma_1^2}{S_2^2/\sigma_2^2}\sim F(n_1-1,\ n_2-1)$.

因此若假设 H_0 成立，则 $F=\frac{S_1^2}{S_2^2}\sim F(n_1-1,\ n_2-1)$，$F$ 的分布已知，

构造小概率事件：$P\{F\geqslant F_{\frac{\alpha}{2}}(n_1-1,\ n_2-2)$ 或 $F\leqslant F_{1-\frac{\alpha}{2}}(n_1-1,\ n_2-2)\}=\alpha$.

构造了小概率事件之后，代入样本值判别小概率事件是否发生，从而做出接受 H_0 还是拒绝 H_0 的结论. 对于第二、第三种形式，读者可以自己尝试推导一下小概率事件的构造.

例 2 设某机枪枪管的内径服从正态分布，随机测量这样的机枪枪管 30 个，得到样本均值和样本方差是 10.1 和 0.002 5，经改良枪管制作工艺以后，测量这样的机枪枪管 40 个得到样本均值和样本方差是 10.2 和 0.002. 设工艺改良后，枪管的内径仍服从正态分布，是否可以认为工艺改良后，枪管的内径方差变小了？（显著性水平 $\alpha=0.05$）

解 H_0：$\sigma_1^2\leqslant\sigma_2^2$，$H_1$：$\sigma_1^2>\sigma_2^2$，

小概率事件：$P\left\{\frac{S_1^2}{S_2^2}\geqslant F_\alpha(n_1-1,\ n_2-2)\right\}\leqslant\alpha$.

查表得 $F_{0.05}(29,\ 39)\approx 1.74$，带入样本值得：$\frac{S_1^2}{S_2^2}=\frac{0.002\ 5}{0.002}=1.25<F_{0.05}(29,\ 39)\approx 1.74$.

小概率事件没有发生，承认 H_0，即认为工艺改良后，枪管的内径方差没有变小.

习题 8.3

1. 设甲、乙两厂生产同样的灯泡，其寿命 X，Y 分别服从正态分布 $N(\mu_1,\ \sigma_1^2)$，$N(\mu_2,\ \sigma_2^2)$，已知它们寿命的标准差分别为 84 h 和 96 h，现从两厂生产的灯泡

中各取 60 只,测得平均寿命甲厂为 1 295 h,乙厂为 1 230 h,能否认为两厂生产的灯泡寿命无显著差异?($\alpha=0.05$)

2. 设有种植玉米的甲、乙两个农业试验区,各分为 10 个小区,各小区的面积相同,除甲区各小区增施磷肥外,其他试验条件均相同,两个试验区的玉米产量(单位:kg)如下:(假设玉米产量服从正态分布,且有相同的方差)

甲区:65,60,62,57,58,63,60,57,60,58;

乙区:59,56,56,58,57,57,55,60,57,55.

试统计推断,有否增施磷肥对玉米产量的影响?($\alpha=0.05$)

3. 两台机床加工同种零件,分别从两台车床加工的零件中抽取 6 个和 9 个测量其直径,并计算得:$s_1^2=0.345$,$s_2^2=0.375$. 假定零件直径服从正态分布,试比较两台车床加工精度有无显著差异?($\alpha=0.10$)

本章小结

本章知识要点

假设检验 原假设 备择假设 小概率原理 检验统计量 显著性水平 接受域 拒绝域 显著性检验 U 检验 t 检验 χ^2 检验

本章常用结论

(1) 假设检验的重要依据——小概率原理：在一次试验中，小概率事件实际上几乎是不可能发生的.

(2) 关于单个正态总体的假设检验.

① 已知方差 σ^2，关于数学期望 μ 的假设检验.

$H_0: \mu = \mu_0$，小概率事件为 $P\{|U| \geq z_{\frac{\alpha}{2}}\} = \alpha$；

$H_0: \mu \leq \mu_0$，小概率事件为 $P\{U \geq z_\alpha\} \leq \alpha$；

$H_0: \mu \geq \mu_0$，小概率事件为 $P\{U \leq -z_\alpha\} \leq \alpha$.

② 未知方差 σ^2，关于数学期望 μ 的假设检验.

$H_0: \mu = \mu_0$，小概率事件为 $P\{|T| \geq t_{\frac{\alpha}{2}}(n-1)\} = \alpha$；

$H_0: \mu \leq \mu_0$，小概率事件为 $P\{T \geq t_\alpha(n-1)\} \leq \alpha$；

$H_0: \mu \geq \mu_0$，小概率事件为 $P\{T \leq -t_\alpha(n-1)\} \leq \alpha$.

③ 未知期望 μ，关于方差 σ^2 的假设检验.

$H_0: \sigma^2 = \sigma_0^2$，小概率事件为 $P\{\chi^2 \leq \chi^2_{1-\frac{\alpha}{2}}(n-1) \text{ 或 } \chi^2 \geq \chi^2_{\frac{\alpha}{2}}(n-1)\} = \alpha$；

$H_0: \sigma^2 \leq \sigma_0^2$，小概率事件为 $P\{\chi^2 \geq \chi^2_\alpha(n-1)\} \leq \alpha$；

$H_0: \sigma^2 \geq \sigma_0^2$，小概率事件为 $P\{\chi^2 \leq \chi^2_{1-\alpha}(n-1)\} \leq \alpha$.

总习题八

1. 设大豆的重量服从正态分布 $N(0.16, 0.04^2)$，使用新品种化肥后，随机抽取 50 粒种子，测得平均重量为 $0.17g$，假设标准差不变，是否新品种化肥促使大豆的平均重量提高了？（显著性水平 $\alpha = 0.05$）

2. 要求一种元件平均使用寿命不得低于 $1\,000\,h$，生产者从一批这种元件中随机抽取 25 件，测得其寿命的平均值为 $950\,h$。已知该种元件寿命服从标准差 $\sigma = 100(h)$ 的正态分布。试在显著性水平 $\alpha = 0.05$ 下判定这批元件是否合格？总体均值为 μ，且 μ 未知。

3. 设成年人的脉搏服从正态分布 $N(72, 5^2)$，某医生测量了 10 位醉酒患者的脉搏，数据如下：

   $$83, 89, 79, 76, 81, 75, 87, 83, 71, 74,$$

   显著性水平 $\alpha = 0.05$。醉酒是否会导致人的脉搏次数升高？

4. 一公司声称某种类型的电池的平均寿命至少为 $21.5\,h$。有一实验室检验了该公司制造的 6 套电池，得到如下的寿命小时数：

   $$19, 18, 22, 20, 16, 25.$$

   试问：这些结果是否表明，这种类型的电池低于该公司所声称的寿命？（显著性水平 $\alpha = 0.05$）

5. 某地某年高考后随机抽得 15 名男生、12 名女生的数学考试成绩如下：
   男生：49, 48, 47, 53, 51, 43, 39, 57, 56, 46, 42, 44, 55, 44, 40；
   女生：46, 40, 47, 51, 43, 36, 43, 38, 48, 54, 48, 34。
   从这 27 名学生的成绩能说明这个地区男女生的数学考试成绩不相上下吗？（显著性水平 $\alpha = 0.05$）

6. 甲、乙两厂生产同一种电阻，现从甲、乙两厂的产品中分别随机抽取 12 个和 10 个样品，测得它们的电阻值后，计算出样本方差分别为 $s_1^2 = 1.40$，$s_2^2 = 4.38$。假设电阻值服从正态分布，在显著性水平 $\alpha = 0.10$ 下，我们是否可以认为两厂生产的电阻值的方差.

   (1) $\sigma_1^2 = \sigma_2^2$； (2) $\sigma_1^2 \leqslant \sigma_2^2$.

7. 某装置的平均温度据制造厂家称不高于 $190\,℃$。今从一个 16 台装置构成的随机样本测得工作温度的平均值和标准差分别为 $195\,℃$ 和 $8\,℃$。根据这些数据能否说明平均工作温度比制造厂家所说的要高？设 $\alpha = 0.05$，并假定工作温度近似服从正态分布。

附录 常用分布表

附表 1 二项分布的数值表

$$P(x;n,p) = \sum_{y=0}^{x} \frac{n!}{y!(n-y)!} p^y (1-p)^{n-y}$$

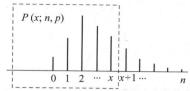

p \ x	0.000 5	0.001	0.002	0.003	0.004	0.005	0.006	0.007	0.008	0.009
n=2										
0	0.999 000	0.998 001	0.996 004	0.994 009	0.992 016	0.990 025	0.988 036	0.986 049	0.984 064	0.982 081
1	1.000 000	0.999 999	0.999 996	0.999 991	0.999 984	0.999 975	0.999 964	0.999 951	0.999 936	0.999 919
n=3										
0	0.998 501	0.997 003	0.994 012	0.991 027	0.988 048	0.985 075	0.982 108	0.979 147	0.976 191	0.973 242
1	0.999 999	0.999 997	0.999 988	0.999 973	0.999 952	0.999 925	0.999 892	0.999 854	0.999 809	0.999 758
2	1.000 000	1.000 000	1.000 000	1.000 000	1.000 000	1.000 000	1.000 000	1.000 000	0.999 999	0.999 999
n=4										
0	0.998 001	0.996 006	0.992 024	0.988 054	0.984 096	0.980 150	0.976 215	0.972 293	0.968 382	0.964 483
1	0.999 999	0.999 994	0.999 976	0.999 946	0.999 905	0.999 851	0.999 786	0.999 709	0.999 620	0.999 520
2	1.000 000	1.000 000	1.000 000	1.000 000	1.000 000	1.000 000	0.999 999	0.999 999	0.999 998	0.999 997
n=5										
0	0.997 502	0.995 010	0.990 040	0.985 090	0.980 159	0.975 249	0.970 358	0.965 487	0.960 635	0.955 803
1	0.999 998	0.999 990	0.999 960	0.999 911	0.999 841	0.999 752	0.999 644	0.999 517	0.999 370	0.999 204
2	1.000 000	1.000 000	1.000 000	1.000 000	0.999 999	0.999 999	0.999 999	0.999 998	0.999 997	0.999 995	0.999 993
n=6										
0	0.997 004	0.994 015	0.988 060	0.982 134	0.976 239	0.970 373	0.964 536	0.958 728	0.952 950	0.947 201
1	0.999 996	0.999 985	0.999 940	0.999 866	0.999 763	0.999 630	0.999 469	0.999 279	0.999 060	0.998 814
2	1.000 000	1.000 000	1.000 000	1.000 000	0.999 998	0.999 996	0.999 993	0.999 990	0.999 986
n=7										
0	0.996 505	0.993 021	0.986 084	0.979 188	0.972 334	0.965 521	0.958 748	0.952 017	0.945 326	0.938 676
1	0.999 995	0.999 979	0.999 917	0.999 813	0.999 668	0.999 484	0.999 259	0.998 995	0.998 691	0.998 349
2	1.000 000	1.000 000	1.000 000	0.999 999	0.999 998	0.999 996	0.999 993	0.999 988	0.999 983	0.999 975
n=8										
0	0.996 007	0.992 028	0.984 112	0.976 250	0.968 444	0.960 693	0.952 996	0.945 353	0.937 764	0.930 228
1	0.999 993	0.999 972	0.999 889	0.999 751	0.999 559	0.999 314	0.999 016	0.998 666	0.998 264	0.997 812
2	1.000 000	1.000 000	1.000 000	0.999 999	0.999 996	0.999 993	0.999 988	0.999 981	0.999 972	0.999 961
n=9										
0	0.995 509	0.991 036	0.982 143	0.973 322	0.964 571	0.955 890	0.947 278	0.938 735	0.930 262	0.921 856
1	0.999 991	0.999 964	0.999 857	0.999 681	0.999 435	0.999 121	0.998 740	0.998 293	0.997 780	0.997 204
2	1.000 000	1.000 000	0.999 999	0.999 998	0.999 995	0.999 990	0.999 982	0.999 972	0.999 959	0.999 941
3	1.000 000	1.000 000	1.000 000	1.000 000	1.000 000	1.000 000	1.000 000	1.000 000	1.000 000	0.999 999
n=10										
0	0.995 011	0.990 045	0.980 179	0.970 402	0.960 712	0.951 110	0.941 594	0.932 164	0.922 819	0.913 559
1	0.999 989	0.999 955	0.999 822	0.999 601	0.999 295	0.998 905	0.998 431	0.997 876	0.997 240	0.996 526
2	1.000 000	1.000 000	0.999 999	0.999 997	0.999 992	0.999 985	0.999 975	0.999 960	0.999 941	0.999 917
3	1.000 000	1.000 000	1.000 000	1.000 000	1.000 000	1.000 000	1.000 000	1.000 000	0.999 999	0.999 999
n=11										
0	0.994 514	0.989 055	0.978 219	0.967 491	0.956 870	0.946 355	0.935 945	0.925 639	0.915 437	0.905 337
1	0.999 986	0.999 945	0.999 783	0.999 514	0.999 141	0.998 666	0.998 090	0.997 416	0.996 645	0.995 779
2	1.000 000	1.000 000	0.999 999	0.999 996	0.999 990	0.999 980	0.999 966	0.999 946	0.999 919	0.999 886
3	1.000 000	1.000 000	1.000 000	1.000 000	1.000 000	1.000 000	1.000 000	0.999 999	0.999 999	0.999 998

本表对于 n,p 和 x 给出二项分布函数 $P(x;n,p)$ 的数值.

例:对于 $n=5, p=0.005$ 和 $x=0, P(x;n,p)=0.975\ 249$.

$$P(x;n,p) = \sum_{y=0}^{x} \frac{n!}{y!(n-y)!} p^y (1-p)^{n-y}$$

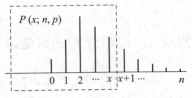

续表

x \ p	0.000 5	0.001	0.002	0.003	0.004	0.005	0.006	0.007	0.008	0.009
	$n=12$									
0	0.994 016	0.988 066	0.976 262	0.964 588	0.953 042	0.941 623	0.930 329	0.919 160	0.908 113	0.897 189
1	0.999 984	0.999 934	0.999 739	0.999 418	0.998 972	0.998 404	0.997 717	0.996 913	0.995 995	0.994 965
2	1.000 000	1.000 000	0.999 998	0.999 994	0.999 986	0.999 973	0.999 954	0.999 928	0.999 893	0.999 849
3	1.000 000	1.000 000	1.000 000	1.000 000	1.000 000	1.000 000	0.999 999	0.999 999	0.999 998	0.999 997
	$n=13$									
0	0.993 519	0.987 078	0.974 310	0.961 694	0.949 230	0.936 915	0.924 747	0.912 726	0.900 848	0.889 114
1	0.999 981	0.999 923	0.999 693	0.999 313	0.998 788	0.998 120	0.997 313	0.996 369	0.995 292	0.994 085
2	1.000 000	1.000 000	0.999 998	0.999 992	0.999 982	0.999 966	0.999 941	0.999 907	0.999 862	0.999 805
3	1.000 000	1.000 000	1.000 000	1.000 000	1.000 000	1.000 000	0.999 999	0.999 998	0.999 997	0.999 996
	$n=14$									
0	0.993 023	0.986 091	0.972 361	0.958 809	0.945 433	0.932 230	0.919 199	0.906 337	0.893 642	0.881 112
1	0.999 977	0.999 910	0.999 642	0.999 200	0.998 590	0.997 814	0.996 877	0.995 784	0.994 537	0.993 140
2	1.000 000	1.000 000	0.999 997	0.999 990	0.999 977	0.999 956	0.999 925	0.999 882	0.999 826	0.999 754
3	1.000 000	1.000 000	1.000 000	1.000 000	1.000 000	0.999 999	0.999 999	0.999 998	0.999 996	0.999 994
	$n=15$									
0	0.992 526	0.985 105	0.970 416	0.955 933	0.941 651	0.927 569	0.913 683	0.899 992	0.886 493	0.873 182
1	0.999 974	0.999 896	0.999 587	0.999 079	0.998 377	0.997 486	0.996 411	0.995 157	0.993 730	0.992 132
2	1.000 000	1.000 000	0.999 996	0.999 988	0.999 972	0.999 946	0.999 907	0.999 853	0.999 783	0.999 694
3	1.000 000	1.000 000	1.000 000	1.000 000	1.000 000	0.999 999	0.999 998	0.999 997	0.999 995	0.999 992
	$n=16$									
0	0.992 030	0.984 119	0.968 476	0.953 065	0.937 885	0.922 931	0.908201	0.893 692	0.879 401	0.865 323
1	0.999 970	0.999 881	0.999 529	0.998 950	0.998 150	0.997 137	0.995 915	0.994 491	0.992 872	0.991062
2	1.000 000	0.999 999	0.999 996	0.999 985	0.999 966	0.999 933	0.999 886	0.999821	0.999 735	0.999 626
3	1.000 000	1.000 000	1.000 000	1.000 000	1.000 000	0.999 999	0.999 998	0.999 996	0.999 993	0.999 989
	$n=17$									
0	0.991 534	0.983 135	0.966 539	0.950 206	0.934 133	0.918 316	0.902 752	0.887 436	0.872 365	0.857 536
1	0.999 966	0.999 865	0.999 467	0.998 812	0.997 909	0.996 766	0.995 389	0.993 786	0.991 964	0.989 930
2	1.000 000	0.999 999	0.999 995	0.999 982	0.999 958	0.999 919	0.999 862	0.999 783	0.999 680	0.999 549
3	1.000 000	1.000 000	1.000 000	1.000 000	0.999 999	0.999 999	0.999 997	0.999 995	0.999 991	0.999 986
	$n=18$									
0	0.991 038	0.982 152	0.964 606	0.947 355	0.930 397	0.913 725	0.897 336	0.881 224	0.865 386	0.849 818
1	0.999 962	0.999 849	0.999 401	0.998 666	0.997 654	0.996 373	0.994 833	0.993 041	0.991 007	0.988 738
2	1.000 000	0.999 999	0.999 994	0.999 979	0.999 950	0.999 904	0.999 835	0.999 741	0.999 618	0.999 462
3	1.000 000	1.000 000	1.000 000	1.000 000	0.999 999	0.999 998	0.999 996	0.999 993	0.999 989	0.999 982
	$n=19$									
0	0.990 543	0.981 170	0.962 676	0.944 513	0.926 675	0.909 156	0.891 952	0.875 056	0.858 463	0.842 169
1	0.999 957	0.999 831	0.999 331	0.998 512	0.997 385	0.995 960	0.994 248	0.992 259	0.990 002	0.987 488
2	1.000 000	0.999 999	0.999 992	0.999 975	0.999 941	0.999 886	0.999 805	0.999 694	0.999 549	0.999 366
3	1.000 000	1.000 000	1.000 000	1.000 000	0.999 999	0.999 998	0.999 995	0.999 991	0.999 986	0.999 977
4	1.000 000	1.000 000	1.000 000	1.000 000	1.000 000	1.000 000	1.000 000	1.000 000	1.000 000	0.999 999
	$n=20$									
0	0.990 047	0.980 189	0.960 751	0.941 680	0.922 968	0.904 610	0.886 600	0.868 930	0.851 596	0.834 590
1	0.999 953	0.999 812	0.999 258	0.998 350	0.997 102	0.995 526	0.993 634	0.991 438	0.988 950	0.986 180
2	1.000 000	0.999 999	0.999 991	0.999 970	0.999 931	0.999 866	0.999 772	0.999 642	0.999 473	0.999 259
3	1.000 000	1.000 000	1.000 000	1.000 000	0.999 999	0.999 997	0.999 994	0.999 989	0.999 982	0.999 972
4	1.000 000	1.000 000	1.000 000	1.000 000	1.000 000	1.000 000	1.000 000	1.000 000	1.000 000	0.999 999

附表1 二项分布的数值表

$$P(x;n,p) = \sum_{y=0}^{x} \frac{n!}{y!(n-y)!} p^y (1-p)^{n-y}$$

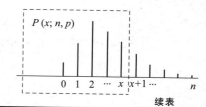

续表

p x	0.000 5	0.001	0.002	0.003	0.004	0.005	0.006	0.007	0.008	0.009
$n=21$										
0	0.989 552	0.979 209	0.958 829	0.938 855	0.919 276	0.900 087	0.881 280	0.862 848	0.844 783	0.827 079
1	0.999 948	0.999 793	0.999 181	0.998 180	0.996 806	0.995 072	0.992 992	0.990 581	0.987 851	0.984 816
2	1.000 000	0.999 999	0.999 990	0.999 966	0.999 919	0.999 845	0.999 735	0.999 585	0.999 389	0.999 141
3	1.000 000	1.000 000	1.000 000	1.000 000	0.999 999	0.999 997	0.999 993	0.999 987	0.999 978	0.999 965
4	1.000 000	1.000 000	1.000 000	1.000 000	1.000 000	1.000 000	1.000 000	1.000 000	0.999 999	0.999 999
$n=22$										
0	0.989 058	0.978 229	0.956 912	0.936 038	0.915 599	0.895 587	0.875 993	0.856 808	0.838 025	0.819 635
1	0.999 943	0.999 772	0.999 100	0.998 002	0.996 496	0.994 597	0.992 322	0.989 686	0.986 706	0.983 396
2	1.000 000	0.999 998	0.999 988	0.999 960	0.999 907	0.999 821	0.999 695	0.999 522	0.999 296	0.999 012
3	1.000 000	1.000 000	1.000 000	0.999 999	0.999 998	0.999 996	0.999 991	0.999 984	0.999 973	0.999 958
4	1.000 000	1.000 000	1.000 000	1.000 000	1.000 000	1.000 000	1.000 000	1.000 000	0.999 999	0.999 999
$n=23$										
0	0.988 563	0.977 251	0.954 998	0.933 230	0.911 937	0.891 107	0.870 737	0.850 810	0.831 320	0.812 258
1	0.999 937	0.999 751	0.999 016	0.997 817	0.996 172	0.994 102	0.991 624	0.988 756	0.985 517	0.981 923
2	1.000 000	0.999 998	0.999 986	0.999 954	0.999 893	0.999 795	0.999 650	0.999 453	0.999 196	0.998 872
3	1.000 000	1.000 000	1.000 000	0.999 999	0.999 998	0.999 995	0.999 990	0.999 981	0.999 968	0.999 949
4	1.000 000	1.000 000	1.000 000	1.000 000	1.000 000	1.000 000	1.000 000	0.999 999	0.999 999	0.999 998
$n=24$										
0	0.988 069	0.976 274	0.953 088	0.930 430	0.908 289	0.886 654	0.865 512	0.844 855	0.824 670	0.804 948
1	0.999 932	0.999 728	0.998 928	0.997 623	0.995 835	0.993 587	0.990 898	0.987 791	0.984 283	0.980 396
2	1.000 000	0.999 998	0.999 984	0.999 948	0.999 878	0.999 766	0.999 602	0.999 378	0.999 086	0.998 719
3	1.000 000	1.000 000	1.000 000	0.999 999	0.999 997	0.999 994	0.999 987	0.999 977	0.999 962	0.999 940
4	1.000 000	1.000 000	1.000 000	1.000 000	1.000 000	1.000 000	1.000 000	0.999 999	0.999 999	0.999 998
$n=25$										
0	0.987 575	0.975 298	0.951 182	0.927 639	0.904 656	0.882 220	0.860 319	0.838 941	0.818 073	0.797 703
1	0.999 926	0.999 705	0.998 836	0.997 421	0.995 485	0.993 052	0.990 146	0.986 790	0.983 006	0.978 817
2	1.000 000	0.999 998	0.999 982	0.999 941	0.999 862	0.999 735	0.999 550	0.999 297	0.998 968	0.998 554
3	1.000 000	1.000 000	1.000 000	0.999 999	0.999 997	0.999 993	0.999 985	0.999 973	0.999 955	0.999 929
4	1.000 000	1.000 000	1.000 000	1.000 000	1.000 000	1.000 000	1.000 000	0.999 999	0.999 998	0.999 997
$n=26$										
0	0.987 081	0.974 322	0.949 279	0.924 856	0.901 037	0.877 809	0.855 157	0.833 068	0.811 528	0.790 524
1	0.999 919	0.999 680	0.998 741	0.997 212	0.995 122	0.992 498	0.989 367	0.985 755	0.981 687	0.977 186
2	1.000 000	0.999 997	0.999 980	0.999 933	0.999 845	0.999 702	0.999 494	0.999 210	0.998 840	0.998 377
3	1.000 000	1.000 000	1.000 000	0.999 999	0.999 996	0.999 991	0.999 983	0.999 968	0.999 947	0.999 916
4	1.000 000	1.000 000	1.000 000	1.000 000	1.000 000	1.000 000	1.000 000	0.999 999	0.999 998	0.999 997
$n=27$										
0	0.986 587	0.973 348	0.947 381	0.922 081	0.897 433	0.873 420	0.850 026	0.827 237	0.805 036	0.783 409
1	0.999 913	0.999 655	0.998 642	0.996 995	0.994 745	0.991 924	0.988 562	0.984 686	0.980 326	0.975 507
2	1.000 000	0.999 997	0.999 977	0.999 925	0.999 826	0.999 666	0.999 433	0.999 115	0.998 703	0.998 186
3	1.000 000	1.000 000	1.000 000	0.999 999	0.999 996	0.999 990	0.999 980	0.999 963	0.999 938	0.999 902
4	1.000 000	1.000 000	1.000 000	1.000 000	1.000 000	1.000 000	0.999 999	0.999 999	0.999 998	0.999 996
$n=28$										
0	0.986 094	0.972 375	0.945 486	0.919 315	0.893 843	0.869 053	0.844 926	0.821 446	0.798 595	0.776 359
1	0.999 906	0.999 628	0.998 539	0.996 770	0.994 356	0.991 332	0.987 731	0.983 584	0.978 923	0.973 778
2	1.000 000	0.999 997	0.999 975	0.999 916	0.999 805	0.999 627	0.999 368	0.999 014	0.998 556	0.997 982
3	1.000 000	1.000 000	1.000 000	0.999 998	0.999 995	0.999 988	0.999 976	0.999 957	0.999 928	0.999 887
4	1.000 000	1.000 000	1.000 000	1.000 000	1.000 000	1.000 000	0.999 999	0.999 999	0.999 997	0.999 995

本表对于 n, p 和 x 给出二项分布函数 $P(x;n,p)$ 的数值.

例: 对于 $n=24$, $p=0.008$ 和 $x=2$, $P(x;n,p) = 0.999\ 086$.

附录　常用分布表

$$P(x;n,p) = \sum_{y=0}^{x} \frac{n!}{y!(n-y)!} p^y (1-p)^{n-y}$$

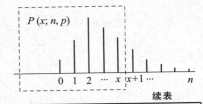

续表

p\x	0.000 5	0.001	0.002	0.003	0.004	0.005	0.006	0.007	0.008	0.009
	n=29									
0	0.985 601	0.971 402	0.943 595	0.916 557	0.890 268	0.864 708	0.839 857	0.815 696	0.792 207	0.769 371
1	0.999 899	0.999 601	0.998 433	0.996 538	0.993 954	0.990 720	0.986 874	0.982 449	0.977 481	0.972 001
2	1.000 000	0.999 996	0.999 972	0.999 907	0.999 784	0.999 586	0.999 298	0.998 906	0.998 399	0.997 764
3	1.000 000	1.000 000	1.000 000	0.999 998	0.999 994	0.999 987	0.999 973	0.999 950	0.999 917	0.999 870
4	1.000 000	1.000 000	1.000 000	1.000 000	1.000 000	1.000 000	0.999 999	0.999 998	0.999 997	0.999 994
	n=30									
0	0.985 108	0.970 431	0.941 708	0.913 808	0.886 707	0.860 384	0.834 817	0.809 986	0.785 869	0.762 447
1	0.999 892	0.999 573	0.998 324	0.996 298	0.993 539	0.990 090	0.985 992	0.981 282	0.975 999	0.970 177
2	0.999 999	0.999 996	0.999 969	0.999 897	0.999 760	0.999 541	0.999 223	0.998 791	0.998 232	0.997 532
3	1.000 000	1.000 000	1.000 000	0.999 998	0.999 994	0.999 985	0.999 969	0.999 943	0.999 905	0.999 851
4	1.000 000	1.000 000	1.000 000	1.000 000	1.000 000	0.999 999	0.999 998	0.999 996	0.999 993	
	n=32									
0	0.984 123	0.968 491	0.937 945	0.908 333	0.879 628	0.851 802	0.824 830	0.798 686	0.773 345	0.748 785
1	0.999 877	0.999 514	0.998 094	0.995 795	0.992 672	0.988 775	0.984 153	0.978 853	0.972 918	0.966 393
2	0.999 999	0.999 995	0.999 962	0.999 875	0.999 709	0.999 444	0.999 059	0.998 538	0.997 865	0.997 025
3	1.000 000	1.000 000	0.999 999	0.999 997	0.999 992	0.999 980	0.999 959	0.999 926	0.999 877	0.999 807
4	1.000 000	1.000 000	1.000 000	1.000 000	0.999 999	0.999 999	0.999 999	0.999 997	0.999 994	0.999 990
	n=34									
0	0.983 140	0.966 555	0.934 197	0.902 891	0.872 605	0.843 305	0.814 961	0.787 543	0.761 021	0.735 367
1	0.999 861	0.999 451	0.997 850	0.995 263	0.991 755	0.987 387	0.982 217	0.976 300	0.969 689	0.962 433
2	0.999 999	0.999 994	0.999 954	0.999 849	0.999 651	0.999 334	0.998 875	0.998 255	0.997 455	0.996 459
3	1.000 000	1.000 000	0.999 999	0.999 997	0.999 989	0.999 974	0.999 948	0.999 906	0.999 843	0.999 755
4	1.000 000	1.000 000	1.000 000	1.000 000	1.000 000	0.999 999	0.999 998	0.999 996	0.999 992	0.999 987
5	1.000 000	1.000 000	1.000 000	1.000 000	1.000 000	1.000 000	1.000 000	1.000 000	1.000 000	0.999 999
	n=36									
0	0.982 157	0.964 623	0.930 464	0.897 482	0.865 638	0.834 893	0.805 211	0.776 556	0.748 894	0.722 190
1	0.999 844	0.999 384	0.997 591	0.994 702	0.990 790	0.985 929	0.980 187	0.973 628	0.966 314	0.958 305
2	0.999 999	0.999 993	0.999 946	0.999 821	0.999 586	0.999 211	0.998 670	0.997 939	0.996 999	0.995 831
3	1.000 000	1.000 000	0.999 999	0.999 996	0.999 986	0.999 968	0.999 935	0.999 882	0.999 803	0.999 693
4	1.000 000	1.000 000	1.000 000	1.000 000	1.000 000	0.999 999	0.999 997	0.999 995	0.999 990	0.999 982
5	1.000 000	1.000 000	1.000 000	1.000 000	1.000 000	1.000 000	1.000 000	1.000 000	1.000 000	0.999 999
	n=38									
0	0.981 175	0.962 695	0.926 746	0.892 105	0.858 726	0.826 565	0.795 578	0.765 723	0.736 959	0.709 249
1	0.999 826	0.999 314	0.997 319	0.994 111	0.989 777	0.984 402	0.978 064	0.970 841	0.962 802	0.954 015
2	0.999 999	0.999 992	0.999 936	0.999 789	0.999 514	0.999 075	0.998 443	0.997 591	0.996 496	0.995 139
3	1.000 000	1.000 000	0.999 999	0.999 994	0.999 983	0.999 960	0.999 919	0.999 853	0.999 757	0.999 621
4	1.000 000	1.000 000	1.000 000	1.000 000	1.000 000	0.999 999	0.999 997	0.999 993	0.999 987	0.999 977
5	1.000 000	1.000 000	1.000 000	1.000 000	1.000 000	1.000 000	1.000 000	1.000 000	0.999 999	0.999 999

在 x 点的概率 $f(x;n,p) = P(x;n,p) - P(x-1;n,p)$, $x=1,2,\cdots,n$.
例: 对于 $n=36$, $p=0.001$ 和 $x=5$, $f(x;n,p) = 0.000\ 000$.

附表 2 泊松分布数值表

$$P\{\xi=m\}=\frac{\lambda^m}{m!}e^{-\lambda}$$

m \ λ	0.1	0.2	0.3	0.4	0.5	0.6	0.7	0.8	0.9	1.0	1.5	2.0	2.5	3.0
0	0.904 8	0.818 7	0.740 8	0.670 3	0.606 5	0.548 8	0.496 6	0.449 3	0.406 6	0.367 9	0.223 1	0.135 3	0.082 1	0.049
1	0.090 5	0.163 7	0.222 3	0.268 1	0.303 3	0.329 3	0.347 6	0.359 5	0.365 9	0.367 9	0.334 7	0.270 7	0.205 2	0.149
2	0.004 5	0.016 4	0.033 3	0.053 6	0.075 8	0.098 8	0.121 6	0.143 8	0.164 7	0.183 9	0.251 0	0.270 7	0.256 5	0.224
3	0.000 2	0.001 1	0.003 3	0.007 2	0.012 6	0.019 8	0.028 4	0.038 3	0.049 4	0.061 3	0.125 5	0.180 5	0.213 8	0.224
4		0.000 1	0.000 3	0.000 7	0.001 6	0.003 0	0.005 0	0.007 7	0.011 1	0.015 3	0.047 1	0.090 2	0.133 6	0.168
5				0.000 1	0.000 2	0.000 3	0.000 7	0.001 2	0.002 0	0.003 1	0.014 1	0.036 1	0.066 8	0.100
6							0.000 1	0.000 2	0.000 3	0.000 5	0.003 5	0.012 0	0.027 8	0.050
7										0.000 1	0.000 8	0.003 4	0.009 9	0.021
8											0.000 2	0.000 9	0.003 1	0.008
9												0.000 2	0.000 9	0.002
10													0.000 2	0.000
11													0.000 1	0.000
12														0.000

m \ λ	3.5	4.0	4.5	5	6	7	8	9	10	11	12	13	14	15
0	0.030 2	0.018 3	0.011 1	0.006 7	0.002 5	0.000 9	0.000 3	0.000 1						
1	0.105 7	0.073 3	0.050 0	0.033 7	0.014 9	0.006 4	0.002 7	0.001 1	0.000 4	0.000 2	0.000 1			
2	0.185 0	0.146 5	0.112 5	0.084 2	0.044 6	0.022 3	0.010 7	0.005 0	0.002 3	0.001 0	0.000 4	0.000 2	0.000 1	
3	0.215 8	0.195 4	0.168 7	0.140 4	0.089 2	0.052 1	0.028 6	0.015 0	0.007 6	0.003 7	0.001 8	0.000 8	0.000 4	0.000
4	0.188 8	0.195 4	0.189 8	0.175 5	0.133 9	0.091 2	0.057 3	0.033 7	0.018 9	0.010 2	0.005 3	0.002 7	0.001 3	0.000
5	0.132 2	0.156 3	0.170 8	0.175 5	0.160 6	0.127 7	0.091 6	0.060 7	0.037 8	0.022 4	0.012 7	0.007 1	0.003 7	0.001
6	0.077 1	0.104 2	0.128 1	0.146 2	0.160 6	0.149 0	0.122 1	0.091 1	0.063 1	0.041 1	0.025 5	0.015 1	0.008 7	0.004
7	0.038 5	0.059 5	0.082 4	0.104 4	0.137 7	0.149 0	0.139 6	0.117 1	0.090 1	0.064 6	0.043 7	0.028 1	0.017 4	0.010
8	0.016 9	0.029 8	0.046 3	0.065 3	0.103 8	0.130 4	0.139 6	0.131 8	0.112 6	0.088 8	0.065 5	0.045 7	0.030 4	0.019
9	0.006 5	0.013 2	0.023 2	0.036 3	0.068 8	0.101 4	0.124 1	0.131 8	0.125 1	0.108 5	0.087 4	0.066 0	0.047 3	0.032
10	0.002 3	0.005 3	0.010 4	0.018 1	0.041 3	0.071 0	0.099 3	0.118 6	0.125 1	0.119 4	0.104 8	0.085 9	0.066 3	0.048
11	0.000 7	0.001 9	0.004 3	0.008 2	0.022 5	0.045 2	0.072 2	0.097 0	0.113 7	0.119 4	0.114 4	0.101 5	0.084 3	0.066
12	0.000 2	0.000 6	0.001 5	0.003 4	0.011 3	0.026 4	0.048 1	0.072 8	0.094 8	0.109 4	0.114 4	0.109 9	0.098 4	0.082
13	0.000 1	0.000 2	0.000 6	0.001 3	0.005 2	0.014 2	0.029 6	0.050 4	0.072 9	0.092 6	0.105 6	0.109 9	0.106 1	0.095
14		0.000 1	0.000 2	0.000 5	0.002 3	0.007 1	0.016 9	0.032 4	0.052 1	0.072 8	0.090 5	0.102 1	0.106 1	0.102
15			0.000 1	0.000 2	0.000 9	0.003 3	0.009 0	0.019 4	0.034 7	0.053 3	0.072 4	0.088 5	0.098 9	0.102
16				0.000 1	0.000 3	0.001 5	0.004 5	0.010 9	0.021 7	0.036 7	0.054 3	0.071 9	0.086 5	0.096
17					0.000 1	0.000 6	0.002 1	0.005 8	0.012 8	0.023 7	0.038 3	0.055 1	0.071 3	0.084
18						0.000 2	0.001 0	0.002 9	0.007 1	0.014 5	0.025 5	0.039 7	0.055 4	0.070
19						0.000 1	0.000 4	0.001 4	0.003 7	0.008 4	0.016 1	0.027 2	0.040 8	0.055
20							0.000 2	0.000 6	0.001 9	0.004 6	0.009 7	0.017 7	0.028 6	0.041
21							0.000 1	0.000 3	0.000 9	0.002 4	0.005 5	0.010 9	0.019 1	0.029
22								0.000 1	0.000 4	0.001 3	0.003 0	0.006 5	0.012 2	0.020
23									0.000 2	0.000 6	0.001 6	0.003 6	0.007 4	0.013
24									0.000 1	0.000 3	0.000 8	0.002 0	0.004 3	0.008
25										0.000 1	0.000 4	0.001 1	0.002 4	0.005
26											0.000 2	0.000 5	0.001 3	0.002
27											0.000 1	0.000 2	0.000 7	0.001
28												0.000 1	0.000 3	0.000
29													0.000 2	0.000
30													0.000 1	0.000
31														0.000

续表

| \multicolumn{6}{c|}{$\lambda=20$} | \multicolumn{6}{c}{$\lambda=30$} |

m	P	m	P	m	P	m	P	m	P	m	P
5	0.000 1	20	0.088 9	35	0.000 7	10		25	0.051 1	40	0.013 9
6	0.000 2	21	0.084 6	36	0.000 4	11		26	0.059 0	41	0.010 2
7	0.000 6	22	0.076 9	37	0.000 2	12	0.000 1	27	0.065 5	42	0.007 3
8	0.001 3	23	0.066 9	38	0.000 1	13	0.000 2	28	0.070 2	43	0.005 1
9	0.002 9	24	0.055 7	39	0.000 1	14	0.000 5	29	0.072 7	44	0.003 5
10	0.005 8	25	0.044 6			15	0.001 0	30	0.072 7	45	0.002 3
11	0.010 6	26	0.034 3			16	0.001 9	31	0.070 3	46	0.001 5
12	0.017 6	27	0.025 4			17	0.003 4	32	0.045 9	47	0.001 0
13	0.027 1	28	0.018 3			18	0.005 7	33	0.059 9	48	0.000 6
14	0.038 2	29	0.012 5			19	0.008 9	34	0.052 9	49	0.000 4
15	0.051 7	30	0.008 3			20	0.013 4	35	0.045 3	50	0.000 2
16	0.064 6	31	0.005 4			21	0.019 2	36	0.037 8	51	0.000 1
17	0.076 0	32	0.003 4			22	0.026 1	37	0.030 6	52	0.000 1
18	0.084 4	33	0.002 1			23	0.034 1	38	0.024 2		
19	0.089 9	34	0.001 2			24	0.042 6	39	0.018 6		

| \multicolumn{6}{c|}{$\lambda=40$} | \multicolumn{6}{c}{$\lambda=50$} |

m	P	m	P	m	P	m	P	m	P	m	P
15		35	0.048 5	55	0.004 3	25		45	0.045 8	65	0.006 3
16		36	0.053 9	56	0.003 1	26	0.000 1	46	0.049 8	66	0.004 8
17		37	0.058 3	57	0.002 2	27	0.000 1	47	0.053 0	67	0.003 6
18	0.000 1	38	0.061 4	58	0.001 5	28	0.000 2	48	0.055 2	68	0.002 6
19	0.000 1	39	0.062 9	59	0.001 0	29	0.000 4	49	0.056 4	69	0.001 9
20	0.000 2	40	0.062 9	60	0.000 7	30	0.000 7	50	0.056 4	70	0.001 4
21	0.000 4	41	0.061 4	61	0.000 5	31	0.001 1	51	0.055 2	71	0.001 0
22	0.000 7	42	0.058 5	62	0.000 3	32	0.001 7	52	0.053 1	72	0.000 7
23	0.001 2	43	0.054 4	63	0.000 2	33	0.002 6	53	0.050 1	73	0.000 5
24	0.001 9	44	0.049 5	64	0.000 1	34	0.003 8	54	0.046 4	74	0.000 3
25	0.003 1	45	0.044 0	65	0.000 1	35	0.005 4	55	0.042 2	75	0.000 2
26	0.004 7	46	0.038 2			36	0.007 5	56	0.037 7	76	0.000 1
27	0.007 0	47	0.032 5			37	0.010 2	57	0.033 0	77	0.000 1
28	0.010 0	48	0.027 1			38	0.013 4	58	0.028 5	78	0.000 1
29	0.013 9	49	0.022 1			39	0.017 2	59	0.024 1		
30	0.018 5	50	0.017 7			40	0.021 5	60	0.020 1		
31	0.023 8	51	0.013 9			41	0.026 2	61	0.016 5		
32	0.029 8	52	0.010 7			42	0.031 2	62	0.013 3		
33	0.036 1	53	0.008 1			43	0.036 3	63	0.010 6		
34	0.042 5	54	0.006 0			44	0.041 2	64	0.008 2		

附表3 几种常用的概率分布

分布	参数	分布律或概率密度	数学期望	方差
0—1 分布	$0<p<1$	$P\{X=k\}=p^k(1-p)^{1-k}$, $k=0,1$	p	$p(1-p)$
二项分布	$n\geqslant 1$, $0<p<1$	$P\{X=k\}=\binom{n}{k}p^k(1-p)^{n-k}$, $k=0,1,\cdots,n$	np	$np(1-p)$
负二项分布	$r\geqslant 1$, $0<p<1$	$P\{X=k\}=\binom{k-1}{r-1}p^r(1-p)^{k-r}$, $k=r,r+1,\cdots$	$\dfrac{r}{p}$	$\dfrac{r(1-p)}{p^2}$
几何分布	$0<p<1$	$P\{X=k\}=p(1-p)^{k-1}$, $k=1,2,\cdots$	$\dfrac{1}{p}$	$\dfrac{1-p}{p^2}$
超几何分布	N,M,n ($n\leqslant M$)	$P\{X=k\}=\dfrac{\binom{M}{k}\binom{N-M}{n-k}}{\binom{N}{n}}$, $k=0,1,\cdots,n$	$\dfrac{nM}{N}$	$\dfrac{nM}{N}\left(1-\dfrac{M}{N}\right)\left(\dfrac{N-n}{N-1}\right)$
泊松分布	$\lambda>0$	$P\{X=k\}=\dfrac{\lambda^k e^{-\lambda}}{k!}$, $k=0,1,\cdots$	λ	λ
均匀分布	$a<b$	$f(x)=\begin{cases}\dfrac{1}{b-a}, & a<x<b \\ 0, & \text{其他}\end{cases}$	$\dfrac{a+b}{2}$	$\dfrac{(b-a)^2}{12}$
正态分布	μ, $\sigma>0$	$f(x)=\dfrac{1}{\sqrt{2\pi}\sigma}e^{-\frac{(x-\mu)^2}{2\sigma^2}}$	μ	σ^2
Γ 分布	$\alpha>0$, $\beta>0$	$f(x)=\begin{cases}\dfrac{1}{\beta^\alpha\Gamma(\alpha)}x^{\alpha-1}e^{-x/\beta}, & x>0 \\ 0, & \text{其他}\end{cases}$	$\alpha\beta$	$\alpha\beta^2$
指数分布	$\theta>0$	$f(x)=\begin{cases}\dfrac{1}{\theta}e^{-x/\theta}, & x>0 \\ 0, & \text{其他}\end{cases}$	θ	θ^2
χ^2 分布	$n\geqslant 1$	$f(x)=\begin{cases}\dfrac{1}{2^{n/2}\Gamma(n/2)}x^{n/2-1}e^{-x/2}, & x>0 \\ 0, & \text{其他}\end{cases}$	n	$2n$
威布尔分布	$\eta>0$, $\beta>0$	$f(x)=\begin{cases}\dfrac{\beta}{\eta}\left(\dfrac{x}{\eta}\right)^{\beta-1}e^{-(x/\eta)^\beta}, & x>0 \\ 0, & \text{其他}\end{cases}$	$\eta\Gamma\left(\dfrac{1}{\beta}+1\right)$	$\eta^2\left\{\Gamma\left(\dfrac{2}{\beta}+1\right)-\left[\Gamma\left(\dfrac{1}{\beta}+1\right)\right]^2\right\}$
瑞利分布	$\sigma>0$	$f(x)=\begin{cases}\dfrac{x}{\sigma^2}e^{-x^2/(2\sigma^2)}, & x>0 \\ 0, & \text{其他}\end{cases}$	$\sqrt{\dfrac{\pi}{2}}\sigma$	$\dfrac{4-\pi}{2}\sigma^2$
β 分布	$\alpha>0$, $\beta>0$	$f(x)=\begin{cases}\dfrac{\Gamma(\alpha+\beta)}{\Gamma(\alpha)\Gamma(\beta)}x^{\alpha-1}(1-x)^{\beta-1}, & 0<x<1 \\ 0, & \text{其他}\end{cases}$	$\dfrac{\alpha}{\alpha+\beta}$	$\dfrac{\alpha\beta}{(\alpha+\beta)^2(\alpha+\beta+1)}$
对数正态分布	μ, $\sigma>0$	$f(x)=\begin{cases}\dfrac{1}{\sqrt{2\pi}\sigma x}e^{-\frac{(\ln x-\mu)^2}{2\sigma^2}}, & x>0 \\ 0, & \text{其他}\end{cases}$	$e^{\mu+\frac{\sigma^2}{2}}$	$e^{2\mu+\sigma^2}(e^{\sigma^2}-1)$

分布	参数	分布律或概率密度	数学期望	方差
柯西分布	a $\lambda>0$	$f(x)=\dfrac{1}{\pi}\dfrac{1}{\lambda^2+(x-a)^2}$	不存在	不存在
t 分布	$n\geq 1$	$f(x)=\dfrac{\Gamma\left(\dfrac{n+1}{2}\right)}{\sqrt{n\pi}\,\Gamma(n/2)}\left(1+\dfrac{x^2}{n}\right)^{-(n+1)/2}$	0	$\dfrac{n}{n-2},n>2$
F 分布	n_1,n_2	$f(x)=\begin{cases}\dfrac{\Gamma[(n_1+n_2)/2]}{\Gamma(n_1/2)\Gamma(n_2/2)}\left(\dfrac{n_1}{n_2}\right)\left(\dfrac{n_1}{n_2}x\right)^{(n_1+n_2)/2} \cdot \\ \left(1+\dfrac{n_1}{n_2}x\right)^{-(n_1+n_2)/2},x>0,\\ 0,\quad\text{其他}\end{cases}$	$\dfrac{n_2}{n_2-2}$ $n_2>2$	$\dfrac{2n_2^2(n_1+n_2-2)}{n_1(n_2-2)^2(n_2-4)}$ $n_2>4$

附表4 标准正态分布表

$$\Phi(z) = \frac{1}{\sqrt{2\pi}} \int_{-\infty}^{z} e^{\frac{-t^2}{2}} dt = P\{Z \leq z\}$$

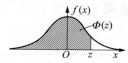

z	0	1	2	3	4	5	6	7	8	9
0.0	0.500 0	0.504 0	0.508 0	0.512 0	0.516 0	0.519 9	0.523 9	0.527 9	0.531 9	0.535 9
0.1	0.539 8	0.543 8	0.547 8	0.551 7	0.555 7	0.559 6	0.563 6	0.567 5	0.571 4	0.575 3
0.2	0.579 3	0.583 2	0.587 1	0.591 0	0.594 8	0.598 7	0.602 6	0.606 4	0.610 3	0.614 1
0.3	0.617 9	0.621 7	0.625 5	0.629 3	0.633 1	0.636 8	0.640 6	0.644 3	0.648 0	0.651 7
0.4	0.655 4	0.659 1	0.662 8	0.666 4	0.670 0	0.673 6	0.677 2	0.680 8	0.684 4	0.687 9
0.5	0.691 5	0.695 0	0.698 5	0.701 9	0.705 4	0.708 8	0.712 3	0.715 7	0.719 0	0.722 4
0.6	0.725 7	0.729 1	0.732 4	0.735 7	0.738 9	0.742 2	0.745 4	0.748 6	0.751 7	0.754 9
0.7	0.758 0	0.761 1	0.764 2	0.767 3	0.770 3	0.773 4	0.776 4	0.779 4	0.782 3	0.785 2
0.8	0.788 1	0.791 0	0.793 9	0.796 7	0.799 5	0.802 3	0.805 1	0.807 8	0.810 6	0.813 3
0.9	0.815 9	0.818 6	0.821 2	0.823 8	0.826 4	0.828 9	0.831 5	0.834 0	0.836 5	0.838 9
1.0	0.841 3	0.843 8	0.846 1	0.848 5	0.850 8	0.853 1	0.855 4	0.857 7	0.859 9	0.862 1
1.1	0.864 3	0.866 5	0.868 6	0.870 8	0.872 9	0.874 9	0.877 0	0.879 0	0.881 0	0.883 0
1.2	0.884 9	0.886 9	0.888 8	0.890 7	0.892 5	0.894 4	0.896 2	0.898 0	0.899 7	0.901 5
1.3	0.903 2	0.904 9	0.906 6	0.908 2	0.909 9	0.911 5	0.913 1	0.914 7	0.916 2	0.917 7
1.4	0.919 2	0.920 7	0.922 2	0.923 6	0.925 1	0.926 5	0.927 8	0.929 2	0.930 6	0.931 9
1.5	0.933 2	0.934 5	0.935 7	0.937 0	0.938 2	0.939 4	0.940 6	0.941 8	0.943 0	0.944 1
1.6	0.945 2	0.946 3	0.947 4	0.948 4	0.949 5	0.950 5	0.951 5	0.952 5	0.953 5	0.954 5
1.7	0.955 4	0.956 4	0.957 3	0.958 2	0.959 1	0.959 9	0.960 8	0.961 6	0.962 5	0.963 3
1.8	0.964 1	0.964 8	0.965 6	0.966 4	0.967 1	0.967 8	0.968 6	0.969 3	0.970 0	0.970 6
1.9	0.971 3	0.971 9	0.972 6	0.973 2	0.973 8	0.974 4	0.975 0	0.975 6	0.976 2	0.976 7
2.0	0.977 2	0.977 8	0.978 3	0.978 8	0.979 3	0.979 8	0.980 3	0.980 8	0.981 2	0.981 7
2.1	0.982 1	0.982 6	0.983 0	0.983 4	0.983 8	0.984 2	0.984 6	0.985 0	0.985 4	0.985 7
2.2	0.986 1	0.986 4	0.986 8	0.987 1	0.987 4	0.987 8	0.988 1	0.988 4	0.988 7	0.989 0
2.3	0.989 3	0.989 6	0.989 8	0.990 1	0.990 4	0.990 6	0.990 9	0.991 1	0.991 3	0.991 6
2.4	0.991 8	0.992 0	0.992 2	0.9.92 5	0.992 7	0.992 9	0.993 1	0.993 2	0.993 4	0.993 6
2.5	0.993 8	0.994 0	0.994 1	0.994 3	0.994 5	0.994 6	0.994 8	0.994 9	0.995 1	0.995 2
2.6	0.995 3	0.995 5	0.995 6	0.995 7	0.995 9	0.996 0	0.996 1	0.996 2	0.996 3	0.996 4
2.7	0.996 5	0.996 6	0.996 7	0.996 8	0.996 9	0.997 0	0.997 1	0.997 2	0.997 3	0.997 4
2.8	0.997 4	0.997 5	0.997 6	0.997 7	0.997 7	0.997 8	0.997 9	0.997 9	0.998 0	0.998 1
2.9	0.998 1	0.998 2	0.998 3	0.998 3	0.998 4	0.998 4	0.998 5	0.998 5	0.998 6	0.998 6
3.0	0.998 7	0.999 0	0.999 3	0.999 5	0.999 7	0.999 8	0.999 8	0.999 9	0.999 9	1.000 0

注:本表最后一行自左至右依次是 $\Phi(3,0),\cdots,\Phi(3,9)$ 的值.

附表 5 　t 分布临界值表

$$P\{t \geq t_\alpha(n)\} = \alpha$$

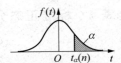

n	$\alpha=0.25$	$\alpha=0.10$	$\alpha=0.05$	$\alpha=0.025$	$\alpha=0.01$	$\alpha=0.005$
1	1.0000	3.0777	6.3138	12.7062	31.8207	63.6574
2	0.8165	1.8856	2.9200	4.3207	6.9646	9.9248
3	0.7649	1.6377	2.3534	3.1824	4.5407	5.8409
4	0.7407	1.5332	2.1318	2.7764	3.7469	4.6041
5	0.7267	1.4759	2.0150	2.5706	3.3649	4.0322
6	0.7176	1.4398	1.9432	2.4469	3.1427	3.7074
7	0.7111	1.4149	1.8946	2.3646	2.9980	3.4995
8	0.7064	1.3968	1.8595	2.3060	2.8965	3.3554
9	0.7027	1.3830	1.8331	2.2622	2.8214	3.2498
10	0.6998	1.3722	1.8125	2.2281	2.7638	3.1693
11	0.6974	1.3634	1.7959	2.2010	2.7181	3.1058
12	0.6955	1.3562	1.7823	2.1788	2.6810	3.0545
13	0.6938	1.3502	1.7709	2.1604	2.6503	3.0123
14	0.6924	1.3450	1.7613	2.1448	2.6245	2.9768
15	0.6912	1.3406	1.7531	2.1315	2.6025	2.9467
16	0.6901	1.3368	1.7459	2.1199	2.5835	2.9208
17	0.6892	1.3334	1.7396	2.1098	2.5669	2.8982
18	0.6884	1.3304	1.7341	2.1009	2.5524	2.8784
19	0.6876	1.3277	1.7291	2.0930	2.5395	2.8609
20	0.6870	1.3253	1.7247	2.0860	2.5280	2.8453
21	0.6864	1.3232	1.7207	2.0796	2.5177	2.8314
22	0.6858	1.3212	1.7171	2.0739	2.5083	2.8188
23	0.6853	1.3195	1.7139	2.0687	2.4999	2.8073
24	0.6848	1.3178	1.7109	2.0639	2.4922	2.7969
25	0.6844	1.3163	1.7081	2.0595	2.4851	2.7874
26	0.6840	1.3150	1.7056	2.0555	2.4786	2.7787
27	0.6837	1.3137	1.7033	2.0518	2.4727	2.7707
28	0.6834	1.3125	1.7011	2.0484	2.4671	2.7633
29	0.6830	1.3114	1.6991	2.0452	2.4620	2.7564
30	0.6828	1.3104	1.6973	2.0423	2.4573	2.7500

附表6 χ^2 分布临界值表

$$P\{\chi > \chi_\alpha^2(n)\} = \alpha$$

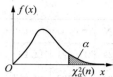

N	a=0.995	a=0.99	a=0.975	a=0.95	a=0.90	a=0.75	a=0.25	a=0.10	a=0.05	a=0.025	a=0.01	a=0.005
1	—	—	0.001	0.004	0.016	0.102	1.323	2.706	3.841	5.024	6.635	7.879
2	0.010	0.020	0.051	0.103	0.211	0.575	2.773	4.605	5.991	7.378	9.210	10.597
3	0.072	0.115	0.216	0.352	0.584	1.213	4.108	6.251	7.815	9.348	11.345	12.838
4	0.207	0.297	0.484	0.711	1.064	1.923	5.385	7379	9.488	11.143	13.277	14.860
5	0.412	0.554	0.831	1.145	1.610	2.675	6.626	9.236	11.071	12.833	15.086	16.750
6	0.676	0.872	1.237	1.635	2.204	3.455	7.841	10.645	12.592	14.449	16.812	18.548
7	0.989	1.239	1.690	2.167	2.833	4.255	9.037	12.017	14.067	16.013	18.475	20.278
8	1.344	1.646	2.180	2.733	3.490	5.071	10.219	13.362	15.507	17.535	20.090	21.955
9	1.735	2.088	2.700	3.325	4.168	5.899	11.389	14.684	16.919	19.023	21.666	23.589
10	2.156	2.558	3.247	3.940	4.865	6.737	12.549	15.987	18.307	20.483	23.209	25.188
11	2.603	3.053	3.816	4.575	5.578	7.584	13.701	17.275	19.675	21.920	24.725	26.757
12	3.074	3.571	4.404	5.226	6.304	8.438	4.845	18.549	21.026	23.337	26.217	28.299
13	3.565	4.107	5.009	5.892	7.042	9.299	15.984	19.812	22.362	24.336	27.688	29.819
14	4.075	4.660	5.629	6.571	7.790	10.165	17.117	21.064	23.685	26.119	29.141	31.319
15	4.601	5.229	6.262	7.261	8.547	11.037	18.245	22.307	24.966	27.488	30.578	32.801
16	5.142	1812	6.908	7.962	9.312	11.912	19.369	23.542	26.296	28.845	32.000	34.267
17	5.697	6.408	7.564	8.672	10.085	12.792	20.489	24.769	27.587	30.191	33.409	35.718
18	6.265	7.015	8.231	9.390	10.865	13.675	21.605	25.989	28.869	31.526	34.805	37.156
19	6.844	7.633	8.907	10.117	11.651	14.562	22.718	27.204	30.144	32.852	36.191	38.582
20	7.434	8.260	9.591	10.851	12.443	15.452	23.828	28.412	31.410	34.170	37.566	39.997
21	8.034	8.897	10.283	11.591	13.240	16.344	24.935	29.615	32.671	35.479	38.932	41.401
22	8.643	9.542	10.982	12.338	14.042	17.240	26.039	30.813	33.924	36.781	40.289	42.796
23	9.26	10.196	11.689	13.091	14.848	18.137	27.14l	32.007	35.172	38.076	41.638	44.181
24	9.886	10.856	12.401	13.848	15.659	19.037	28.241	33.196	36.415	39.364	42.98	45.559
25	10.520	11.524	13.120	14.611	16.473	19.939	29.339	34.382	37.652	40.646	44.314	46.928
26	11.160	12.198	13.844	15.379	17.292	20.843	30.435	35.563	38.885	41.923	45.642	48.290
27	11.808	12.879	14.573	16.151	18.114	21.749	31.528	36.741	40.113	43.194	46.963	49.645
28	12.461	13.565	15.308	16.928	18.939	22.657	32.620	37.916	41.337	44.461	48.278	50.993

续表

N	a=0.995	a=0.99	a=0.975	a=0.95	a=0.90	a=0.75	a=0.25	a=0.10	a=0.05	a=0.025	a=0.01	a=0.005
29	13.121	14.257	16.047	17.708	19.768	23.567	33.711	39.087	42.557	45.722	49.588	52.336
30	13.787	14.954	16.791	18.493	20.599	24.478	34.800	40.256	43.773	46.979	50.892	53.672
31	14.458	15.655	17.539	19.281	21.434	25.390	35.887	41.422	44.985	48.232	52.191	55.003
32	15.134	16.362	18.291	20.072	22.271	26.304	36.973	42.585	46.194	49.480	53.486	56.328
33	15.815	17.074	19.047	20.867	23.110	27.219	38.058	43.745	47.400	50.725	54.776	57.648
34	16.501	17.789	19.806	21.664	23.952	28.136	39.141	44.903	48.602	51.966	56.061	58.964
35	17.192	18.509	20.569	22.465	24.797	29.054	40.223	46.059	49.802	53.203	57.342	60.275
36	17.887	19.233	21.336	23.269	25.643	29.973	41.304	47.212	50.998	54.437	58.619	61.581
37	18.586	19.960	22.106	24.075	26.492	30.893	42.383	48.363	52.192	55.668	59.892	62.883
38	19.289	20.691	22.878	24.884	27.343	31.815	43.462	49.513	53.384	56.896	61.162	64.181
39	19.996	21.426	23.654	25.695	28.196	32.737	44.539	50.66	54.572	58.120	62.428	65.476
40	20.707	22.164	24.433	26.509	29.051	33.660	45.616	51.805	55.758	59.342	63.691	66.766
41	21.421	22.906	25.215	27.326	29.907	34.585	46.692	52.949	56.942	60.561	64.950	68.053
42	22.138	23.65	25.999	28.144	30.765	35.510	47.766	54.090	58.124	61.777	66.206	69.336
43	22.859	24.39g	26.785	28.965	31.625	36.436	48.840	55.230	59.304	62.99	67.459	70.616
44	23.584	25.148	27.575	29.987	32.487	37.363	49.913	56.369	60.481	64.201	68.710	71.893
45	24.311	25.901	28.366	30.612	33.350	38.291	50.985	57.505	61.656	65.410	69.957	73.166

附表7 F分布临界值表

$$P\{F(n_1,n_2) > F_\alpha F(n_1,n_2)\} = \alpha$$

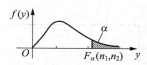

$\alpha = 0.005$

n_2 \ n_1	1	2	3	4	5	6	8	10	12	24	∞
1	16211	20 000	21 615	22 500	23 056	23 437	23 925	24 224	24 426	24 940	25 465
2	198.5	199.0	199.2	199.2	199.3	199.3	199.4	199.4	199.4	199.5	199.5
3	55.55	49.80	47.47	46.19	45.39	44.84	44.13	43.69	43.39	42.62	41.83
4	31.33	26.28	24.26	23.15	22.46	21.97	21.35	20.97	20.7	20.03	19.32
5	22.78	18.31	16.53	15.56	14.94	14.51	13.96	13.62	13.38	12.78	12.14
6	18.63	14.45	12.92	12.03	11.46	11.07	10.57	10.25	10.03	9.47	8.88
7	16.24	12.40	10.88	10.05	9.52	9.16	8.68	8.38	8.18	7.65	7.08
8	14.69	11.04	9.60	8.81	8.30	7.95	7.50	7.21	7.01	6.50	5.95
9	13.61	10.11	8.72	7.96	7.47	7.13	6.69	6.42	6.23	5.73	5.19
10	12.83	9.43	8.08	7.34	6.87	6.54	6.12	5.85	5.66	5.17	4.64
11	12.23	8.91	7.60	6.88	6.42	6.10	5.68	5.42	5.24	4.76	4.23
12	11.75	8.51	7.23	6.52	6.07	5.76	5.35	5.09	4.91	4.43	3.90
13	11.37	8.19	6.93	6.23	5.79	5.48	5.08	4.82	4.64	4.17	3.65
14	11.06	7.92	6.68	6.00	5.56	5.26	4.86	4.60	4.43	3.96	3.44
15	10.80	7.70	6.48	5.80	5.37	5.07	4.67	4.42	4.25	3.79	3.26
16	10.58	7.51	6.30	5.64	5.21	4.91	4.52	4.27	4.10	3.64	3.11
17	10.38	7.35	6.16	5.50	5.07	4.78	4.39	4.14	3.97	3.51	2.98
18	10.22	7.21	6.03	5.37	4.96	4.66	4.28	4.03	3.86	3.40	2.87
19	10.07	7.09	5.92	5.27	4.85	4.56	4.18	3.93	3.76	3.31	2.78
20	9.94	6.99	5.82	5.17	4.76	4.47	4.09	3.85	3.68	3.22	2.69
21	9.83	6.89	5.73	5.09	4.68	4.39	4.01	3.77	3.60	3.15	2.61
22	9.73	6.81	5.65	5.02	4.61	4.32	3.94	3.70	3.54	3.08	2.55
23	9.63	6.73	5.58	4.95	4.54	4.26	3.88	3.64	3.47	3.02	2.48
24	9.55	6.66	5.52	4.89	4.49	4.20	3.83	3.59	3.42	2.97	2.43
25	9.48	6.60	5.46	4.84	4.43	4.15	3.78	3.54	3.37	2.92	2.38
26	9.41	6.54	5.41	4.79	4.38	4.10	3.73	3.49	3.33	2.87	2.33
27	9.34	6.49	5.36	4.74	4.34	4.06	3.69	3.45	3.28	2.83	2.29
28	9.28	6.44	5.32	4.70	4.30	4.02	3.65	3.41	3.25	2.79	2.25
29	9.23	6.40	5.28	4.66	4.26	3.98	3.61	3.38	3.21	2.76	2.21
30	9.18	6.35	5.24	4.62	4.23	3.95	3.58	3.34	3.18	2.73	2.18
40	8.83	6.07	4.98	4.37	3.99	3.71	3.35	3.12	2.95	2.50	1.93
60	8.49	5.79	4.73	4.14	3.76	3.49	3.13	2.90	2.74	2.29	1.69
120	8.18	5.54	4.50	3.92	3.55	3.28	2.93	2.71	2.54	2.09	1.43
∞	7.88	5.30	4.28	3.72	3.35	3.09	2.74	2.52	2.36	1.90	1.00

附录 常用分布表

$\alpha=0.01$

续表

n_2\n_1	1	2	3	4	5	6	8	10	12	24	∞
1	4 052	4 999	5 403	5 625	5 764	5 859	5 981	6 056	6 106	6 234	6 366
2	98.49	99.01	99.17	99.25	99.3	99.330	99.36	99.40	99.42	99.46	99.50
3	34.12	30.81	29.46	28.71	28.24	27.91	27.49	27.23	27.05	26.60	26.12
4	21.20	18.00	16.69	15.98	15.52	15.21	14.80	14.55	14.37	13.93	13.46
5	16.26	13.27	12.06	11.39	10.97	10.67	10.29	10.05	9.89	9.47	9.02
6	13.74	10.92	9.78	9.15	8.75	8.47	8.10	7.87	7.72	7.31	6.88
7	12.25	9.55	8.45	7.85	7.46	7.19	6.84	6.62	6.47	6.07	5.65
8	11.26	8.65	7.59	7.01	6.63	6.37	6.03	5.81	5.67	5.28	4.86
9	10.56	8.02	6.99	6.42	6.06	5.80	5.47	5.26	5.11	4.73	4.31
10	10.04	7.56	6.55	5.99	5.64	5.39	5.06	4.85	4.71	4.33	3.91
11	9.65	7.20	6.22	5.67	5.32	5.07	4.74	4.54	4.40	4.02	3.60
12	9.33	6.93	5.95	5.41	5.06	4.82	4.50	4.30	4.16	3.78	3.36
13	9.07	6.70	5.74	5.20	4.86	4.62	4.30	4.1	3.96	3.59	3.16
14	8.86	6.51	5.56	5.03	4.69	4.46	4.14	3.94	3.80	3.43	3.00
15	8.68	6.36	5.42	4.89	4.56	4.32	4.00	3.80	3.67	3.29	2.87
16	8.53	6.23	5.29	4.77	4.44	4.20	3.89	3.69	3.55	3.18	2.75
17	8.40	6.11	5.18	4.67	4.34	4.10	3.79	3.59	3.45	3.08	2.65
18	8.28	6.01	5.09	4.58	4.25	4.01	3.71	3.51	3.37	3.00	2.57
19	8.18	5.93	5.01	4.50	4.17	3.94	3.63	3.43	3.30	2.92	2.49
20	8.10	5.85	4.94	4.43	4.10	3.87	3.56	3.37	3.23	2.86	2.42
21	8.02	5.78	4.87	4.37	4.04	3.81	3.51	3.31	3.17	2.80	2.36
22	7.94	5.72	4.82	4.31	3.99	3.76	3.45	3.26	3.12	2.75	2.31
23	7.88	5.66	4.76	4.26	3.94	3.71	3.41	3.21	3.07	2.70	2.26
24	7.82	5.61	4.72	4.22	3.90	3.67	3.36	3.17	3.03	2.66	2.21
25	7.77	5.57	4.68	4.18	3.86	3.63	3.32	3.13	2.99	2.62	2.17
26	7.72	5.53	4.64	4.14	3.82	359	3.29	3.09	2.96	2.58	2.13
27	7.68	5.49	4.60	4.11	3178	3.56	3.26	3.06	2.93	2.55	2.10
28	7.64	5.45	4.57	4.07	3.75	3.53	3.23	3.03	2.9	2.52	2.06
29	7.60	5.42	4.54	4.04	3.73	3.50	3.20	3.00	2.87	2.49	2.03
30	7.56	5.39	4.51	4.02	3.70	3.47	3.17	2.98	2.84	2.47	2.01
40	7.31	5.18	4.31	3.83	3.51	3.29	2.99	2.80	2.66	2.29	1.80
60	7.08	4.98	4.13	3.65	3.34	3.12	2.82	2.63	2.50	2.12	1.60
120	6.85	4.79	3.95	3.48	3.17	2.96	2.66	2.47	2.34	1.95	1.38
∞	6.63	4.61	3.78	3.32	3.02	2.80	2.51	2.32	2.18	1.79	1.00

附表7 F分布临界值表

$\alpha = 0.05$

n_2 \ n_1	1	2	3	4	5	6	8	10	12	24	∞
1	161.4	199.5	215.7	224.6	230.2	234.0	238.9	241.9	243.9	249.0	254.3
2	18.51	19.00	19.16	19.25	19.30	19.33	19.37	19.40	19.41	19.45	19.50
3	10.13	9.55	9.28	9.12	9.01	8.94	8.84	8.79	8.74	8.64	8.53
4	7.71	6.94	6.59	6.39	6.26	6.16	6.04	5.96	5.91	5.77	5.63
5	6.61	5.79	5.41	5.19	5.05	4.95	4.82	4.74	4.68	4.53	4.36
6	5.99	5.14	4.76	4.53	4.39	4.28	4.15	4.06	4.00	3.84	3.67
7	5.59	4.74	4.35	4.12	3.97	3.87	3.73	3.64	3.57	3.41	3.23
8	5.32	4.46	4.07	3.84	3.69	3.58	3.44	3.35	3.28	3.12	2.93
9	5.12	4.26	3.86	3.63	3.48	3.37	3.23	3.14	3.07	2.90	2.71
10	4.96	4.10	3.71	3.48	3.33	3.22	3.07	2.98	2.91	2.74	2.54
11	4.84	3.98	3.59	3.36	3.20	3.09	2.95	2.85	2.79	2.61	2.40
12	4.75	3.88	3.49	3.26	3.11	3.00	2.85	2.75	2.69	2.50	2.30
13	4.67	3.80	3.41	3.18	3.02	2.92	2.77	2.67	2.60	2.42	2.21
14	4.60	3.74	3.34	3.11	2.96	2.85	2.70	2.60	2.53	2.35	2.13
15	4.54	3.68	3.29	3.06	2.90	2.79	2.64	2.54	2.48	2.29	2.07
16	4.49	3.63	3.24	3.01	2.85	2.74	2.59	2.49	2.42	2.24	2.01
17	4.45	3.59	3.20	2.96	2.81	2.70	2.55	2.45	2.38	2.19	1.96
18	4.41	3.55	3.16	2.93	2.77	2.66	2.51	2.41	2.34	2.15	1.92
19	4.38	3.52	3.13	2.90	2.74	2.63	2.48	2.38	2.31	2.11	1.88
20	4.35	3.49	3.10	2.87	2.71	2.60	2.45	2.35	2.28	2.08	1.84
21	4.32	3.47	3.07	2.84	2.68	2.57	2.42	2.32	2.25	2.05	1.81
22	4.30	3.44	3.05	2.82	2.66	2.55	2.40	2.30	2.23	2.03	1.78
23	4.28	3.42	3.03	2.80	2.64	2.53	2.38	2.27	2.20	2.00	1.76
24	4.26	3.40	3.01	2.78	2.62	2.51	2.36	2.25	2.18	1.98	1.73
25	4.24	3.38	2.99	2.76	2.60	2.49	2.34	2.24	2.16	1.96	1.71
26	4.22	3.37	2.98	2.74	2.59	2.47	2.32	2.22	2.15	1.95	1.69
27	4.21	3.35	2.96	2.73	2.57	2.46	2.30	2.20	2.13	1.93	1.67
28	4.20	3.34	2.95	2.71	2.56	2.44	2.29	2.19	2.12	1.91	1.65
29	4.18	3.33	2.93	2.70	2.54	2.43	2.28	2.18	2.10	1.90	1.64
30	4.17	3.32	2.92	2.69	2.53	2.42	2.27	2.16	2.09	1.89	1.62
40	4.08	3.23	2.84	2.61	2.45	2.34	2.18	2.08	2.00	1.79	1.51
60	4.00	3.15	2.76	2.52	2.37	2.25	2.10	1.99	1.92	1.70	1.39
120	3.92	3.07	2.68	2.45	2.29	2.17	2.02	1.91	1.83	1.61	1.25
∞	3.84	3.00	2.60	2.37	2.21	2.10	1.94	1.83	1.75	1.52	1.00

附录 常用分布表

续表

$\alpha = 0.10$

n_1 \ n_2	1	2	3	4	5	6	8	10	12	24	∞
1	39.86	49.50	53.59	55.83	57.24	58.20	59.44	60.19	60.71	62.00	63.33
2	8.53	9.00	9.16	9.24	9.29	9.33	9.37	9.39	9.41	9.45	9.49
3	5.54	5.46	5.36	5.32	5.31	5.28	5.25	5.23	5.22	5.18	5.13
4	4.54	4.32	4.19	4.11	4.05	4.01	3.95	3.92	3.90	3.83	3.76
5	4.06	3.78	3.62	3.52	3.45	3.40	3.34	3.30	3.27	3.19	3.10
6	3.78	3.46	3.29	3.18	3.11	3.05	2.98	2.94	2.90	2.82	2.72
7	3.59	3.26	3.07	2.96	2.88	2.83	2.75	2.70	2.67	2.58	2.47
8	3.46	3.11	2.92	2.81	2.73	2.67	2.59	2.54	2.50	2.40	2.29
9	3.36	3.01	2.81	2.69	2.61	2.55	2.47	2.42	2.38	2.28	2.16
10	3.29	2.92	2.73	2.61	2.52	2.46	2.38	2.32	2.28	2.18	2.06
11	3.23	2.86	2.66	2.54	2.45	2.39	2.30	2.25	2.21	2.10	1.97
12	3.18	2.81	2.61	2.48	2.39	2.33	2.24	2.19	2.15	2.04	1.9
13	3.14	2.76	2.56	2.43	2.35	2.28	2.20	2.14	2.10	1.98	1.85
14	3.10	2.73	2.52	2.39	2.31	2.24	2.15	2.10	2.05	1.94	1.80
15	3.07	2.70	2.49	2.36	2.27	2.21	2.12	2.06	2.02	1.90	1.76
16	3.05	2.67	2.46	2.33	2.24	2.18	2.09	2.03	1.99	1.87	1.72
17	3.03	2.64	2.44	2.31	2.22	2.15	2.06	2.00	1.96	1.84	1.69
18	3.01	2.62	2.42	2.29	2.20	2.13	2.04	1.98	1.93	1.81	1.66
19	2.99	2.61	2.40	2.27	2.18	2.11	2.02	1.96	1.91	1.79	1.63
20	2.97	2.59	2.38	2.25	2.16	2.09	2.00	1.94	1.89	1.77	1.61
21	2.96	2.57	2.36	2.23	2.14	2.08	1.98	1.92	1.87	1.75	1.59
22	2.95	2.56	2.35	2.22	2.13	2.06	1.97	1.90	1.86	1.73	1.57
23	2.94	2.55	2.34	2.21	2.11	2.05	1.95	1.89	1.84	1.72	1.55
24	2.93	2.54	2.33	2.19	2.10	2.04	1.94	1.88	1.83	1.70	1.53
25	2.92	2.53	2.32	2.18	2.09	2.02	1.93	1.87	1.82	1.69	1.52
26	2.91	2.52	2.31	2.17	2.08	2.01	1.92	1.86	1.81	1.68	1.50
27	2.90	2.51	2.30	2.17	2.07	2.00	1.91	1.85	1.80	1.67	1.49
28	2.89	2.50	2.29	2.16	2.06	2.00	1.90	1.84	1.79	1.66	1.48
29	2.89	2.50	2.28	2.15	2.06	1.99	1.89	1.83	1.78	1.65	1.47
30	2.88	2.49	2.28	2.14	2.05	1.98	1.88	1.82	1.77	1.64	1.46
40	2.84	2.44	2.23	2.09	2.00	1.93	1.83	1.76	1.71	1.57	1.38
60	2.79	2.39	2.18	2.04	1.95	1.87	1.77	1.71	1.66	1.51	1.29
120	2.75	2.35	2.13	1.99	1.90	1.82	1.72	1.65	1.60	1.45	1.19
∞	2.71	2.30	2.08	1.94	1.85	1.77	1.67	1.60	1.55	1.38	1.00

习 题 答 案

第一章 随机事件及其概率

习题 1.1

1. D

2. (1) $\Omega=\{10+k\,|\,k=0,1,2\ldots\}$;

(2) $\Omega=\{12,13,14,15,23,24,25,34,35,45\}$;

(3) $\Omega=\{(x,y)\,|\,x^2+y^2<1\}$.

习题 1.2

1. C

2. 0.2.

3. $\dfrac{5}{8}$.

习题 1.3

1. D

2. (1) $\dfrac{C_4^1 C_6^2}{C_{10}^3}$;　　(2) $\dfrac{C_6^3}{C_{10}^3}+\dfrac{C_4^1 C_6^2}{C_{10}^3}$;　　(3) $1-\dfrac{C_6^3}{C_{10}^3}$;

3. (1) $\dfrac{5}{14}$;　　(2) $\dfrac{15}{28}$;　　(3) $\dfrac{9}{14}$.

4. $\dfrac{3}{8}$.

习题 1.4

1. A

2. 0.25.

3. 0.008 4.

4. 0.956.

5. 0.97.

习题 1.5

1. C
2. D
3. 0.997 0.
4. 0.8.
5. $p_1(p_4+p_2p_3-p_2p_3p_4)$.

总习题一

一、填空题

1. $AB\bar{C}\cup A\bar{B}C\cup \bar{A}BC$.
2. $\Omega=\{(1,2),(1,3),(2,1),(2,3),(3,1),(3,2)\}$.
3. $\dfrac{3}{8}$.
4. $\dfrac{2}{3}$.
5. 0.2.
6. 0.3.
7. $\dfrac{11}{24}$.
8. $\dfrac{1}{3}$, $\dfrac{2}{3}$.

二、选择题

1. A
2. A
3. C
4. B
5. D
6. A
7. C
8. C
9. D
10. D

三、计算题

1. (1)成立；

   (2)不成立；

   (3)不成立；

   (4)成立．

2. (1)0.2；

   (2)0.3；

   (3)0.7；

   (4)0.3．

3. 0.56.

4. $\dfrac{3}{8}$, $\dfrac{1}{16}$, $\dfrac{9}{16}$.

5. 0.058 8, 0.059 4, 0.994.

6. (1) $1-\left(\dfrac{11}{12}\right)^6$;

   (2) $C_6^4 \left(\dfrac{1}{12}\right)^4 \left(\dfrac{11}{12}\right)^2$;

   (3) $12 C_6^4 \left(\dfrac{1}{12}\right)^4 \left(\dfrac{11}{12}\right)^2$.

7. 0.25.

8. 0.68.

9. $\dfrac{3}{10}$.

10. $\dfrac{3}{200}$.

11. $\dfrac{17}{36}$.

12. 0.64.

13. 0.018 5, 0.567 568.

14. 0.97.

15. $\dfrac{40}{49}$.

16. 0.035, 0.514.

17. 0.612, 0.997.

18. 不独立．

19. 0.285.

20. 0.058 2, 0.010 4.

21.(1)至少应配置 6 门炮才能达到要求;
(2)0.785.
22. 2 台秤.

第二章 随机变量及其分布

习题 2.1

1. $\Omega=\{(1,2,3),(1,2,4),(1,2,5),(1,3,4),(1,3,5),(1,4,5),(2,3,4),(2,3,5),(2,4,5),(3,4,5)\}.$
2. $(-\varepsilon,+\varepsilon).$

习题 2.2

1.

X	5	6	7	8	9	10
P	$\frac{1}{252}$	$\frac{5}{252}$	$\frac{15}{252}$	$\frac{35}{252}$	$\frac{70}{252}$	$\frac{126}{252}$

2.

X	0	1
P	$\frac{1}{3}$	$\frac{2}{3}$

3. (1) $P\{Y=k\}=C_5^k p^k(1-p)^{5-k}=C_5^k(e^{-2})^k(1-e^{-2})^{5-k}$ $(k=0,1,2,3,4,5)$;
(2) $P\{Y\geqslant 1\}=1-P\{Y=0\}=1-C_5^0(e^{-2})^0(1-e^{-2})^5=0.5167.$

4. (1)

X	1	2	3
P	$\frac{3}{28}$	$\frac{15}{28}$	$\frac{10}{28}$

(2)

X	0	1	2	3
P	0.008	0.096	0.384	0.512

5.

X	1	2	3	4	5
P	0.8	0.16	0.032	0.006 4	0.001 6

6.

X	0	1	2	3	4	5
P	0.221 5	0.411 4	0.274 3	0.081 5	0.010 7	0.000 5

7. $P\{X=k\}=0.8(0.2)^{k-1}$

8. $P\{X=2\}=C_{12}^{2}\left(\dfrac{1}{3}\right)^{2}\left(\dfrac{2}{3}\right)^{10}$

9. (1) $P\{X=4\}=e^{-4}\dfrac{4^4}{4!}$;   (2) $P\{X\leqslant 3\}=\sum\limits_{k=0}^{3}e^{-4}\dfrac{4^k}{k!}$;

(3) $P\{X\geqslant 6\}=\sum\limits_{k=6}^{+\infty}e^{-4}\dfrac{4^k}{k!}$;   (4) $P\{X=0\}=e^{-4}$.

10. 由 $P\{X\leqslant m\}\geqslant 0.99$ 得，$\sum\limits_{k=0}^{m}e^{-3}\dfrac{3^k}{k!}\geqslant 0.99 \Rightarrow m=8$.

习题 2.3

1. $P\{X>0.5\}=1$，$P\{1<X<3\}=0.5$，$P\{X\leqslant 2\}=0.75$.

2. $X_甲$ 与 $X_乙$ 的分布律分别为：

$X_甲$	20	40
P	1/2	1/2

$X_乙$	10	30
P	1/2	1/2

$$F_{X_甲}(x)=\begin{cases}0, & x<20,\\ \dfrac{1}{2}, & 20\leqslant x<40,\\ 1, & x\geqslant 40,\end{cases} \quad F_{X_乙}(x)=\begin{cases}0, & x<10,\\ \dfrac{1}{2}, & 10\leqslant x<30,\\ 1, & x\geqslant 30.\end{cases}$$

3. (1) $A=\dfrac{2}{3\times(3^{100}-1)}$;   (2) $A=2$.

4. 由 $\begin{cases}F(-\infty)=\lim\limits_{x\to-\infty}(A+B\arctan x)=A-\dfrac{\pi}{2}B=0,\\ F(+\infty)=\lim\limits_{x\to+\infty}(A+B\arctan x)=A+\dfrac{\pi}{2}B=1,\end{cases}$ 得 $\begin{cases}A=\dfrac{1}{2},\\ B=\dfrac{1}{\pi}.\end{cases}$

5. $A=1$；0.5.

习题 2.4

1. (1) $A=1$；

  (2) $f(x)=F'(x)=\begin{cases}2x, & 0<x<1,\\ 0, & 其他;\end{cases}$

  (3) $P\{X\leqslant 2\}=F(2)=1$.

2. (1) $A=\dfrac{1}{\pi}$；

  (2) $P\left\{\dfrac{1}{2}\leqslant X\leqslant 2\right\}=\int_{\frac{1}{2}}^{2}f(x)\mathrm{d}x=\int_{\frac{1}{2}}^{1}\dfrac{1}{\pi}\dfrac{1}{\sqrt{1-x^2}}\mathrm{d}x=\dfrac{1}{\pi}\arcsin x\Big|_{\frac{1}{2}}^{1}=\dfrac{1}{3}$；

  (3) $F(x)=\begin{cases}0, & x<-1,\\ \dfrac{1}{2}+\dfrac{1}{\pi}\arcsin x, & -1\leqslant x<1,\\ 1, & x\geqslant 1.\end{cases}$

3. 0.8.

4. (1) $a=7.6$； (2) $a=5.16$.

5. $P\{10<X\leqslant 13\}=0.4932$，$P\{|X-10|\geqslant 2\}=0.3174$.

6. $P\{X\geqslant 250\}=P\left\{\dfrac{X-185}{28}>\dfrac{250-185}{28}\right\}=1-\Phi(2.32)=1-0.9898=0.0102$.

7. 0.9976.

8. (1) 已知 $\begin{cases}\mu+\sigma=448,\\ \mu-\sigma=352,\end{cases}$ 解之得 $\begin{cases}\mu=400,\\ \sigma=48;\end{cases}$

  (2) $P\{\mu\leqslant X<\mu+\sigma\}=P\left\{0\leqslant\dfrac{X-\mu}{\sigma}<1\right\}$

  $=\Phi(1)-\Phi(0)=0.8413-0.5=0.3413$.

  由于 $0.3413\times 1000=341.3$，故应有 341 名学生得 B 级.

习题 2.5

1. $Y=2X+1$ 的分布律为：

Y	−1	1	3	5
P	0.1	0.35	0.3	0.25

$Z=X^2$ 的分布律为：

Z	0	1	4
P	0.35	0.4	0.25

2. $p_Y(y) = F'_Y(y)$

$= \begin{cases} \dfrac{1}{2}p_X\left(\dfrac{1-y}{2}\right) + \dfrac{1}{2}p_X\left(-\dfrac{1-y}{2}\right), & y<1, \\ 0, & y\geq 1 \end{cases}$

$= \begin{cases} \dfrac{1}{\sqrt{2\pi}}e^{-\frac{(y-1)^2}{8}}, & y<1, \\ 0, & y\geq 1. \end{cases}$

3. $Y = \ln X$ 的密度函数为

$p_Y(y) = p_X(e^y) \cdot (e^y)'$

$\quad = \dfrac{2}{\pi} \dfrac{e^y}{e^{2y}+1} \quad (-\infty < y < +\infty).$

总习题二

1. (1) $\dfrac{1}{5}$；(2) $\dfrac{2}{5}$；(3) $\dfrac{3}{5}$.

2. $c = \dfrac{37}{16}$，$P\{X<1 \mid X\neq 0\} = \dfrac{8}{25}$.

3. X 的分布律为：

X	3	4	5
P_k	0.1	0.3	0.6

4. 0.6.

5. (1) $P\{X=k\} = p(1-p)^k = 0.1 \times 0.9^k \quad (k=0, 1, 2, \cdots)$;
(2) 0.9^5；(3) $n=5$.

6.

X	0	1
P_k	0.4	0.6

7.

X	0	1	2	3
P_k	$\dfrac{7}{24}$	$\dfrac{21}{40}$	$\dfrac{7}{40}$	$\dfrac{1}{120}$

8. $P\{X=k\} = 0.3^{k-1} \times 0.7 \quad (k=0, 1, 2, \cdots)$.

9. $\dfrac{19}{27}$.

10. e^{-8}.

11. 因为 $f(x)=\dfrac{1}{2\sqrt{\pi}}e^{-\frac{(x+3)^2}{4}}=\dfrac{1}{\sqrt{2\pi}\sqrt{2}}e^{-\frac{[x-(-3)]^2}{2(\sqrt{2})^2}}$，所以，$X\sim N(-3,2)$，

则 $\dfrac{X-(-3)}{\sqrt{2}}=\dfrac{X+3}{\sqrt{2}}\sim N(0,1)$，即 $Y=\dfrac{X+3}{\sqrt{2}}\sim N(0,1)$.

12. $P\{X\leqslant 0.5\}=0.25, P\{X=0.5\}=0, F(x)=\displaystyle\int_{-\infty}^{x}f(t)\mathrm{d}t=\begin{cases}0, x<0,\\ x^2, 0\leqslant x<1,\\ 1, x\geqslant 1.\end{cases}$

13. (1) 当 $x_1<1<x_2<5$ 时，$P\{x_1<X<x_2\}=\dfrac{1}{4}(x_2-1)$；

(2) 当 $1<x_1<5<x_2$ 时，$P\{x_1<X<x_2\}=\dfrac{1}{4}(5-x_1)$.

14. 0.268.

15. (1) $c=3$；(2) $d\leqslant 0.41$.

16. 0.87.

17. $h>183.98$.

18. (1) 应选第二条；(2) 应选第一条.

19. 0.5167.

20. $1-e^{-1}$.

21. $F(x)=\begin{cases}0, & x\leqslant 0,\\ \dfrac{x^2}{2}, & 0<x\leqslant 1,\\ -1+2x-\dfrac{1}{2}x^2, & 1<x\leqslant 2,\\ 1, & x>2.\end{cases}$

22. (1) $3e^{-2}$；(2) $e^{-2}-4e^{-3}$.

23. $1-e^{-\lambda}$.

24. 0.58.

25. $\dfrac{3}{5}$.

26. 此人能被录取.

27. (1) $F_X(t)=\begin{cases}1-e^{-0.1t}, & t>0,\\ 0, & t\leqslant 0,\end{cases}$ 即 T 服从参数为 $\lambda=0.1$ 的指数分布；

(2) $1-e^{-0.3}$；(3) $e^{-0.3}-e^{-0.5}$.

28. (1) 0.32；(2) 0.93.

29.

Y	0	1	4	9
P_i	1/5	7/30	1/5	11/30

30. $f_Y(y)=\begin{cases}0, & y<3,\\ \dfrac{(y-3)^3}{8}e^{-\frac{(y-3)^2}{8}}, & y\geqslant 3.\end{cases}$

31. $f_Y(y)=f_X(h(y))|h'(y)|=\begin{cases}e^{-\ln y}\cdot\dfrac{1}{y}, & y\geqslant 1,\\ 0, & y\leqslant 1\end{cases}=\begin{cases}\dfrac{1}{y^2}, & y\geqslant 1,\\ 0, & y<1.\end{cases}$

32. $f_Y(y)=F'_Y(y)=\begin{cases}\dfrac{1}{\sqrt{y-1}}-1, & 1\leqslant y<2,\\ 0, & 其他.\end{cases}$

第三章 多维随机变量及其分布

习题 3.1

1. 二维离散型随机变量 (X,Y) 的联合分布律为：

X \ Y	0	1	2	3
0	0	$\dfrac{3}{70}$	$\dfrac{9}{70}$	$\dfrac{3}{70}$
1	$\dfrac{2}{70}$	$\dfrac{18}{70}$	$\dfrac{18}{70}$	$\dfrac{2}{70}$
2	$\dfrac{3}{70}$	$\dfrac{9}{70}$	$\dfrac{3}{70}$	0

2.

X \ Y	0	1	2	3	$P_{\cdot j}$
1	0	$\dfrac{3}{8}$	$\dfrac{3}{8}$	0	$\dfrac{3}{4}$
3	$\dfrac{1}{8}$	0	0	$\dfrac{1}{8}$	$\dfrac{1}{4}$
$P_{i\cdot}$	$\dfrac{1}{8}$	$\dfrac{3}{8}$	$\dfrac{3}{8}$	$\dfrac{1}{8}$	1

习题 3.2

1. B
2. $F(x_2, y_2) - F(x_2, y_1) + F(x_1, y_1) - F(x_1, y_2)$.
3. 0.
4. $F(x, y)$.
5. $F_X(x)$.
6. (1) $c = 4$；(2) $\dfrac{1}{6}$；(3) $f_X(x) = \begin{cases} 2x, & 0 \leqslant x \leqslant 1, \\ 0, & \text{其他}. \end{cases}$

习题 3.3

1. $\dfrac{2}{9}$，$\dfrac{1}{9}$.

2. $\alpha + \beta = \dfrac{5}{9}$，$\dfrac{2}{9}$，$\dfrac{1}{3}$.

3. (1) $f_X(x) = \begin{cases} 2x\mathrm{e}^{-x^2}, & x \geqslant 0, \\ 0, & \text{其他}, \end{cases}$

   $f_Y(y) = \begin{cases} 2y\mathrm{e}^{-y^2}, & y \geqslant 0, \\ 0, & \text{其他}； \end{cases}$

   (2) 相互独立.

习题 3.4

1. $\dfrac{1}{2\pi}\mathrm{e}^{-\frac{x^2+y^2}{2}}$；$\dfrac{1}{\sqrt{2\pi}\sqrt{2}}\mathrm{e}^{-\frac{x^2}{4}}$.

2. $A = \dfrac{4}{7}$，X 与 Y 不独立，

$f_Z(z) = \int_{-\infty}^{+\infty} f(x, z-x)\,\mathrm{d}x = \begin{cases} \dfrac{2}{21}(6z + 3z^2 + z^3), & 0 \leqslant z < 1, \\ \dfrac{2}{21}(8 + 6z - 3z^2 - z^3), & 1 \leqslant z < 2, \\ 0, & \text{其他}. \end{cases}$

总习题三

一、填空题

1. $F(x, y)$.

2. $F_X(x)$.

3. $\dfrac{1}{8}$.

4. 1.

5. 0.

二、计算题

1.

Y \ X	1	2	3
1	0	$\dfrac{1}{6}$	$\dfrac{1}{6}$
2	$\dfrac{1}{6}$	0	$\dfrac{1}{6}$
3	$\dfrac{1}{6}$	$\dfrac{1}{6}$	0

2.

Y \ X	0	1	2	3
0	$\dfrac{1}{27}$	$\dfrac{3}{27}$	$\dfrac{3}{27}$	$\dfrac{1}{27}$
1	$\dfrac{3}{27}$	$\dfrac{6}{27}$	$\dfrac{3}{27}$	0
2	$\dfrac{3}{27}$	$\dfrac{3}{27}$	0	0
3	$\dfrac{1}{27}$	0	0	0

3. (1) $k = 12$;

(2) $F(x, y) = \begin{cases} (1 - e^{-3x})(1 - e^{-4y}) & x > 0, y > 0, \\ 0, & 其他; \end{cases}$

(3) 0.950 21.

4. $\dfrac{65}{72}$.

5. (1) $f(x, y) = \begin{cases} \dfrac{1}{(b-a)(d-c)}, & a < x < b, c < y < d, \\ 0, & 其他, \end{cases}$

$$f_{\overline{X}}(x) = \begin{cases} \dfrac{1}{b-a}, & a<x<b, \\ 0, & \text{其他}, \end{cases}$$

$$f_Y(y) = \begin{cases} \dfrac{1}{d-c}, & c<y<d, \\ 0, & \text{其他}. \end{cases}$$

(2) 相互独立.

6.

Y \ X	-2	-1	0	$\dfrac{1}{2}$
$-\dfrac{1}{2}$	$\dfrac{1}{8}$	$\dfrac{1}{6}$	$\dfrac{1}{24}$	$\dfrac{1}{6}$
1	$\dfrac{1}{16}$	$\dfrac{1}{12}$	$\dfrac{1}{48}$	$\dfrac{1}{12}$
3	$\dfrac{1}{16}$	$\dfrac{1}{12}$	$\dfrac{1}{48}$	$\dfrac{1}{12}$

7. $Z=X+Y$ 的分布律为 $P\{Z=i\}=p_k q_{i-k}$, $i=0,1,2,\cdots$.

Z 的全部取值为 $2,3,4$.

$P\{Z=2\}=\dfrac{1}{4}$, $P\{Z=3\}=\dfrac{1}{2}$, $P\{Z=4\}=\dfrac{1}{4}$,

故 $Z=X+Y$ 的分布律为

Z	2	3	4
P_k	$\dfrac{1}{4}$	$\dfrac{1}{2}$	$\dfrac{1}{4}$

8. $f_z(z) = \begin{cases} e^{-\frac{z}{3}}\left(1-e^{-\frac{z}{6}}\right), & z>0, \\ 0, & z\leqslant 0. \end{cases}$

第四章 随机变量的数字特征

习题 4.1

1.

X	0	1	2
P	$\dfrac{1}{10}$	$\dfrac{6}{10}$	$\dfrac{3}{10}$

$E(X)=\dfrac{6}{5}$.

2. $a=0.2$, $P\left\{X>\dfrac{1}{2}\right\}=0.8$, $P\left\{-1\leqslant X\leqslant\dfrac{3}{2}\right\}=0.7$, $E(X)=0.9$.

3. $E(X)=0.8$, $E(-X+1)=0.2$, $E(X^2)=2.2$, $E(X^2-2)=0.2$.

4. $k=3$, $a=2$.

5. 2 732.15.

6. $E(XY)=4$.

7. $E(X)=0.9$.

8. $E(Y)=\dfrac{3}{2}$.

9. $E(X)=\dfrac{2}{3}$, $E(Y)=\dfrac{4}{3}$, $E(XY+1)=\dfrac{17}{9}$.

习题 4.2

1. $E(X)=2$, $D(X)=2$.

2. $n=20$, $p=0.4$.

3. $E(X)=250$, $D(X)=187.5$.

4. $E(X)=\dfrac{1}{3}$, $D(X)=\dfrac{97}{72}$.

5. $E(X)=0$, $D(X)=\dfrac{1}{6}$.

6. $a=12$, $b=-12$, $c=3$.

7. $E(X)=2$, $D(X)=\dfrac{4}{3}$.

8. $E(Y)=0$, $D(Y)=1$.

习题 4.3

1. $\mathrm{Cov}(X,Y)=0$.

2. $\mathrm{Cov}(X,Y)=0.1425$.

3. $c=6$, $E(X)=\dfrac{2}{3}$, $E(XY)=\dfrac{1}{2}$, $\rho_{XY}=0$.

4. $\mu_1=\dfrac{4}{3}$, $\mu_2=2$, $\mu_3=\dfrac{16}{5}$, $\mu_4=\dfrac{16}{3}$; $v_1=0$, $v_2=\dfrac{2}{9}$, $v_3=-\dfrac{8}{135}$, $v_4=\dfrac{16}{135}$.

总习题四

一、选择题

1. B

2. C

3. C

4. B

5. C

6. A

7. D

8. B

二、填空题

9. 3.

10. 6.

11. $a=0.15$，$b=0.25$.

12. $1/e$.

13. $E(X)=1$，$D(X)=1/2$.

14. $\rho_{XY}=-1$.

15. $E(X-2Y)=-1.6$，$D(X-2Y)=4.88$.

16. $a=0$，$b=6$.

三、计算题

17. $D(X)=\dfrac{2}{3}$，$D(Y)=\dfrac{2}{9}$.

18. $A=1$，$B=-1$，$C=\dfrac{1}{2}$.

19. 0.002，0.002.

20.

X	0	1	2	3
P	$\dfrac{1}{2}$	$\dfrac{1}{4}$	$\dfrac{1}{8}$	$\dfrac{1}{8}$

$E(X)=\dfrac{7}{8}$.

21. $E(X)=1$.

22. (1) $A=1$，$B=-1$；

(2) $P\{-1<X<1\}=1-e^{-2}$；

(3) $f(x)=\begin{cases} 2e^{-2x}, & x>0, \\ 0, & x\leqslant 0; \end{cases}$

(4) $E(X) = \frac{1}{2}$，$D(X) = \frac{1}{4}$.

23. $E(Y) = \frac{1}{3}$，$D(Y) = \frac{8}{9}$.

24. $E(X) = \frac{7}{4}$，$E(Y) = -\frac{1}{2}$，$E(XY) = -\frac{3}{4}$，$\mathrm{Cov}(X, Y) = \frac{1}{8}$.

25. $E(X) = \frac{3}{2}$.

26.

X \ Y	0	1
−1	0	1/2
1	1/4	1/4

$\rho_{XY} = -\frac{\sqrt{3}}{3}$.

27.

X \ Y	0	1
0	2/3	1/12
1	1/6	1/12

$\rho_{XY} = \frac{\sqrt{15}}{15}$.

28. $E(XY) = 2$，$D(XY) = 36$.

29. $\mathrm{Cov}(X, Y+1) = -1$，$E(Y^2 + XY) = \frac{15}{2}$，$D(X - 2Y) = 21$.

30. $E(\sqrt{x^2 + y^2}) = \frac{3\sqrt{\pi}}{4}$.

31. $a = \frac{1}{6}$，$b = \frac{1}{3}$，或 $a = \frac{1}{3}$，$b = \frac{1}{6}$.

第五章 大数定律与中心极限定理

习题 5.1

1. 1/4.

2. 2/3.

3. 概率不小于 8/9.

习题 5.2

1. 0.022 8.

总习题五

1. $\frac{7}{8}$.

2. A

3. $\frac{1}{12}$.

4. 98 箱.

5. 0.682 6.

6. 约等于 1.

第六章 样本及抽样分布

习题 6.1

1. (1),(2),(4),(6),(7)为统计量；(3),(5),(8)不是统计量.
2. 79.1, 88.54, 6 336.5, 79.69.
3. 0.829 3.
4. $n=385$.

习题 6.2

1. 1.645；1.96.

2. $\frac{1}{3}$.

3. (1) $t(2)$；(2) $t(n-1)$.

4. 0.543 1.

总习题六

1. $E(\overline{X})=\lambda$, $D(\overline{X})=\frac{\lambda}{n}$.

2. $a=\frac{1}{20}$, $b=\frac{1}{100}$, $n=2$.

3. $F(1, 1)$.

4. 0.025.

5. 0.890 4.

7. (1) 0.99; (2) $\dfrac{2}{15}\sigma^4$.

8. (1) $\chi^2(2n-2)$; (2) $F(1, 2n-2)$.

9. 5.43.

10. 0.21.

第七章 参数估计

习题 7.1

1. (1) $\hat{\theta}=2\overline{X}$; (2) 0.963 4.

2. 矩估计量 $\hat{\lambda}=\overline{X}$; 极大似然估计量 $\hat{\lambda}=\overline{X}$.

3. $\dfrac{1}{15}$.

4. 矩估计量 $\hat{p}=\overline{X}$; 极大似然估计量 $\hat{\lambda}=\overline{X}$.

习题 7.2

1. $\hat{m}_3$.

2. $\hat{p}^2=\dfrac{1}{n^2(n-1)}\sum\limits_{i=1}^{n}(X_i^2-X_i)$.

3. $\hat{\lambda}^2=\dfrac{1}{n}\sum\limits_{i=1}^{n}X_i^2-\overline{X}$.

习题 7.3

1. (11.89, 13.11).

2. (145.58, 162.42).

3. $n\approx 1.36$, 至少 2 次测量.

4. (-0.63, 3.43).

总习题七

1. $\hat{a}=\overline{X}-\sqrt{\dfrac{3}{n}\sum\limits_{i=1}^{n}(X_i-\overline{X})^2}$, $\hat{b}=\overline{X}+\sqrt{\dfrac{3}{n}\sum\limits_{i=1}^{n}(X_i-\overline{X})^2}$.

2. (1) (498.81, 504.36); (2) (14.38, 82.44).

3. (1) T_1, T_3; (2) T_3.

4. $\hat{\theta}=1-\dfrac{\overline{X}}{2}$.

5. $\hat{\theta}=\dfrac{2\overline{X}-1}{1-\overline{X}}$，$\hat{\theta}_L=-1-\dfrac{n}{\sum\limits_{i=1}^{n}\ln X_i}$.

6. (0.101，0.244).

8. $n\geqslant(\dfrac{2\sigma_0 u_{\frac{\alpha}{2}}}{l})^2$.

9. $a=\dfrac{n_1}{n_1+n_2}$，$b=\dfrac{n_2}{n_1+n_2}$.

10. (7.4，21.1).

第八章 假设检验

习题 8.1

3. 认为包装机正常.

习题 8.2

1. 这批货不合格.
2. 认为新工艺事实上提高了灯管的平均寿命.
3. 认为包装机工作正常.

习题 8.3

1. 两厂生产的灯泡寿命有显著差异.
2. 认为有否增施磷肥对玉米产量的改变有影响.
3. 认为两车床加工精度无差异.

总习题八

1. 新品种化肥促使大豆的平均重量提高了.
2. 认为这批元件不合格.
3. 醉酒会导致人的脉搏次数升高.
4. 认为这种类型电池的寿命并不比公司宣称的寿命短.
5. 认为这一地区男女生的数学考试成绩不相上下.
6. 认为两厂生产的电阻值的方差不同.
7. 认为平均工作温度比制造厂家所说的要高.